贺师傅天天美食
滋补家常煲汤

陈海波◎著

金牌厨师倾情推荐
滋补煲汤

译林出版社

图书在版编目（CIP）数据

滋补家常煲汤 / 陈海波著. —— 南京：译林出版社，2016.4
（贺师傅天天美食系列）
ISBN 978-7-5447-5718-8

Ⅰ.①滋… Ⅱ.①陈… Ⅲ.①保健－汤菜－菜谱 Ⅳ.①TS972.122

中国版本图书馆CIP数据核字（2016）第035724号

书　　名	滋补家常煲汤
作　　者	陈海波
责任编辑	韩继坤
特约编辑	梁永雪
出版发行	凤凰出版传媒股份有限公司
	译林出版社
出版社地址	南京市湖南路1号A楼，邮编：210009
电子信箱	yilin@yilin.com
出版社网址	http://www.yilin.com
印　　刷	北京旭丰源印刷技术有限公司
开　　本	710×1000毫米　　1/16
印　　张	8
字　　数	30千字
版　　次	2016年4月第1版　2016年4月第1次印刷
书　　号	ISBN 978-7-5447-5718-8
定　　价	25.00元

Contents 目录

一家人爱喝的 家常好汤

煲一锅 四季养生汤

好味道的
补虚强身汤

莴笋瘦肉汤

焯烫羊排时，放入葱姜及料酒，可极大程度地去除羊排的腥气。

怎样喝汤最健康？

"宁可食无肉，不可食无汤"，汤在人们的膳食中具有不可替代的作用。营养学家认为，喝汤可以开胃，促进血液循环，抵御感冒，使人体获得更多营养元素；而对于病弱之人，更是要靠喝保健汤来补养身体，恢复健康。

汤的种类很多，用不同原料制成的汤，具有不同的保健作用：

汤类		保健作用
鸡汤（抵抗感冒）		鸡汤适合产后、患病时饮用。用老母鸡炖出的汤可促进呼吸道黏膜的血液循环，帮助清除呼吸道中的细菌与病毒，缓解咳嗽、喉咙痛等症状。
鱼汤（抵抗炎症）		鱼汤中含有的脂肪酸可以抵抗炎症，预防呼吸道炎症的发生。有研究表明，常喝鱼汤可以降低呼吸道感染的几率，保护人体呼吸系统健康。
骨汤（缓解衰老）		用大骨炖出的汤富含胶原蛋白，可以促进人体微循环，缓解随着年龄增长而出现的神经衰弱、皮肤松弛等状况，具有抗老化作用。
蔬菜汤（缓解衰老）		部分蔬菜中含有膳食纤维，可缓解便秘、降低胆固醇。蔬菜中的碱性成分溶于汤中，饮用后可保持弱碱性体质，避免出现失眠、焦躁、疲劳等症状。

这些保健汤品，可根据个人情况和喜好，随意选用。

另外，怎样喝汤，也要讲究科学性，否则对身体有害无益。首先，饭前要先喝汤。俗话说"饭前先喝汤，胜似良药方"，这是因为饭前喝汤等于给消化道增加了"润滑剂"，使食物能顺利下咽。吃饭时再喝些汤，则有益于胃肠的消化吸收，可预防胃病的发生。

其次，饭前喝汤不宜过多，并应缓缓咽下。早晨人们经过一夜睡眠，损失水分较多，因此早餐前喝汤量可适当多些；而晚餐则不宜喝太多汤，否则频频夜尿，会影响睡眠。

最后，喝汤时不能凭喜好每天只喝一种，酸、甜、咸、辣，多种汤品交替上桌，更能增进食欲，平衡营养。

可见，选对了汤品，喝对了方法，我们的身体就会越来越棒棒哒！

1

煲汤技巧大揭秘！

煲汤看似简单，但俗话说"唱戏的腔，厨师的汤"，一锅好汤竟能成为一个厨子的拿手绝活，可见要煲出一锅鲜醇香浓的汤并不容易。下面就让我们来学习一下煲汤的各种小技巧吧！

食材处理干净	煲汤前，肉类一定要先入沸水焯烫，以排出血污；然后立即趁热洗净，以免血污粘附于肉上。处理火腿时，要削去其发黄的部位，以免影响汤的鲜香味。而鱼类要去腥线，剥去腹内的黑膜。
看水温放食材	煲汤时，因为时间很久，所以做汤的食材一般要直接放入冷水加热，使食材的鲜味和营养慢慢融入汤中，以增加汤的鲜美度。有时候，为了保持食材的鲜度和口感，只需将汤底煮沸，再放入食材烫熟即可。
冷水必须加足	汤的鲜味来自于食材。煲汤过程中，应保持煮锅中水温恒定，不能中途加入冷水，因此，煲汤前，一定要加足冷水，避免食材遇冷，而使其表面的蛋白质凝固，降低汤的鲜度。
小火炖营养足	煲汤要用小火，使锅内的汤水保持略微滚沸的状态，这样才能使食材中的营养成分和鲜味充分释放，提升汤的鲜美度和保健功效。
时间不宜过长	煲汤时间太长会导致氨基酸氧化，使蛋白质变性，从而产生酰胺碱，使汤的鲜味降低。从健康角度来说，煮汤一般1~2小时，最多4小时。
捞净汤面浮沫	这是制作美味鲜汤的关键。汤中浮沫主要来自动物性食材的血红蛋白，当食材内层温度达到80℃时，血红蛋白会不断溢出，此时是捞净浮沫的最佳时机，而此时汤的温度可能已达到90℃~100℃。
调味适时适当	常用调料中花椒、八角、桂皮、肉蔻、姜、葱等可先入锅，以便更好地释放其本身的香味；盐、胡椒粉、花椒粉等调料一般后放，因为这些调料长时间煮制会破坏食材本身的营养素。
汤品现做现吃	汤品最好当天现做现喝，不宜隔日食用，以保持汤汁的鲜美度。煲汤要选用营养丰富、鲜味十足的食材，动物性食材一般需要进行焯水处理加工，以去除部分腥味。

煲汤选料知多少?

选料是煲出鲜汤的关键所在。用于煲汤的原料,可分为动物性原料、植物性原料及提鲜香辛料和养生药材等,下面我们就来了解一下吧!

动物性原料		如鸡肉、鸭肉、猪瘦肉、肘子、猪骨、火腿、板鸭、鱼类、牛羊肉等,选购时应注意必须鲜味足、异味小、血污少,这些食材含有丰富的蛋白质和核苷酸等,是汤品鲜味的主要来源。
植物性原料		如豆芽、竹笋、菌菇、玉米、莲藕、冬瓜、花生、土豆、山药、海带、白萝卜等,富含蛋白质、膳食纤维等营养素,可健脾养胃、降脂降压、排毒养颜等,都是制作鲜汤不可或缺的食材。
香辛料与药材		如姜、花椒、小茴香、八角、桂皮、肉蔻、草果、白果、陈皮、枸杞、山楂、百合、茯苓、当归、黄芪、丁香、甘草、桂圆、红枣、川贝、人参、莲子等入汤,不仅可提鲜提香,还可养生保健,补益身体。

书中计量单位换算

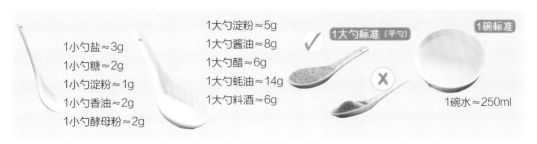

1小勺盐≈3g
1小勺糖≈2g
1小勺淀粉≈1g
1小勺香油≈2g
1小勺酵母粉≈2g

1大勺淀粉≈5g
1大勺酱油≈8g
1大勺醋≈6g
1大勺蚝油≈14g
1大勺料酒≈6g

1大勺标准(平勺) ✓

✗

1碗标准

1碗水≈250ml

一家人爱喝的
家常好汤

一品猪骨汤、蹄花笋汤、冬阴功汤、蔬菜味噌汤
炖一锅家人爱喝的家常好汤，
从喉咙一直暖到心底！

鸭肉应炖煮至少40分钟，若达2小时效果更佳；最后放冬瓜、木耳，可减少维生素C的流失。

砂锅冬瓜鸭煲汤

香菇炖鸡汤

🍲 中级　⏱ 1 小时　🍽 4 人

补中益气 + 降脂降压

香菇中含有嘌呤、胆碱等物质，能起到降脂降压、降胆固醇的作用，对于动脉硬化等症状有预防作用；另外，香菇具有健脾、补气益肾的功效，香菇与鸡汤同煮，待香菇中的有效营养物质融入汤中，可以提高人体吸收率。

•营养小贴士•

Q&A

香菇炖鸡汤怎么做才清香不腻?

炖鸡汤前，先将三黄鸡加料酒用滚水焯烫，可以去除鸡身上的腥味，使煮出的汤清香而无异味；用香菇煮汤，除了可以增添特殊的风味外，还可以吸收一部分油脂，使熬出的鸡汤不至于太油腻。

材料

葱 1 段、姜 1 块、干香菇 5 朵、枸杞 1 大勺、干红枣 5 颗、三黄鸡 1 只、清水 6 碗

调料

料酒 1 大勺、盐 2 小勺、白糖 1 小勺

扫我煲好汤!

制作方法

❶ 葱去皮、洗净，切段；姜去皮、洗净，切片，备用。

❷ 干香菇洗净，放冷水中浸泡 10 分钟，完全泡发。

❸ 枸杞洗净，放冷水中浸泡 10 分钟。

❹ 干红枣去掉小蒂，浸泡 10 分钟。

❺ 三黄鸡洗净，放入沸水中，加入料酒，焯烫，捞出、洗净。

❻ 将焯烫过的三黄鸡重新放入汤锅中，倒入 6 碗清水。

❼ 然后把葱姜、香菇、红枣放入锅内，盖上锅盖，开大火炖煮。

❽ 煮沸后，打开锅盖，转成小火，倒入枸杞，继续煮 30 分钟。

❾ 最后，加入盐和白糖调味，搅拌均匀，盛出即可。

黄豆猪蹄汤

🍳 中级　⏱ 2小时　🍽 3人

养护肌肤 + 保护血管

猪蹄中含有大量胶原蛋白，能增强皮肤弹性、延缓衰老和促进儿童生长发育，常被称作"美容蹄"；黄豆中的不饱和脂肪酸和大豆卵磷脂能保持血管弹性，并健脑益智，还能保护肝脏，使精力充沛。

·营养小贴士·

Q&A

黄豆猪蹄汤怎么做才软烂入味？

将猪蹄斩成小块，能加速猪蹄成熟，使之入味；为使猪蹄快速软烂，可以加入少许醋同煮，炖至能用筷子戳透猪皮即可；黄豆一定要等到猪蹄炖烂之后再放，不然会将黄豆煮烂，影响食用口感。

材料

葱白1段、姜1块、干红枣5颗、枸杞1大勺、黄豆半碗、莲藕半根、猪蹄1个、清水7碗、香菜末半碗

调料

料酒1大勺、盐2小勺

扫我煲好汤！

制作方法

1 葱白洗净，切成葱段；姜洗净，切成姜片。

2 干红枣、枸杞分别洗净，浸泡10分钟，备用。

3 黄豆洗净，浸泡10分钟，备用。

4 莲藕洗净，去除黏液，切成小块。

5 烧去猪蹄的毛，剁块、焯水、洗净、滗干。

6 将猪蹄块、黄豆、红枣、葱段、姜片放入锅内，倒入7碗水。

7 倒入料酒，用大火煮开后，转成小火炖1.5小时。

8 接着，放入莲藕块，加盖，小火继续煮20分钟。

9 撒入盐，搅匀，用中火煮10分钟；最后，撒上枸杞、香菜末，即可食用。

西红柿牛肉汤

🍲 中级　🕐 1 小时 30 分钟　🍜 3 人

强身健体 + 抵抗氧化

常吃牛肉可以强壮身体，维持人体正常的新陈代谢。牛肉中的蛋白质含量丰富，食用后有助于促进生长发育，并增强抵抗力；牛肉中还富含 B 族维生素，能振奋精神、消除疲劳，起到舒缓压力、稳定情绪的作用。

•营养小贴士•

Q&A 西红柿牛肉汤怎么做才酸爽解馋？

生牛肉腥味重，放入冷水加热，可以煮出血沫和腥气，还能加速牛肉的成熟；西红柿切块煮汤，可以保持清爽的口感，但煮汤前，西红柿必须煸炒出汁，使茄红素更易被人体吸收，让西红柿的自然酸香与牛肉融合。

材料

葱白1段、姜1块、洋葱半个、西红柿2个、牛肉1块(约200g)、开水5碗、香葱末1大勺

调料

油2大勺、盐1小勺、番茄酱2大勺、白糖2小勺

扫我煲好汤！

制作方法

1 葱白洗净，切成葱段；姜洗净，切成姜片；洋葱去皮，切片。

2 西红柿洗净，在顶部切"十"字，滚水焯烫后去皮，切块。

3 牛肉剔除筋膜、洗净，备用。

4 逆着肉纹将牛肉切成3cm见方的块，备用。

5 将牛肉块焯水，撇去浮沫，捞出洗净，滗干，备用。

6 炒锅加油，爆香葱姜，放入牛肉块翻炒，再放入西红柿块，炒出汁液，然后放入洋葱片。

7 倒入5碗开水，用大火煮开。

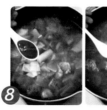

8 然后转成小火，放入盐、番茄酱和白糖，搅拌均匀，盖上锅盖，熬煮1小时。

9 最后，打开锅盖，转成大火煮开，撒上香葱末，即可盛出食用。

胡萝卜羊肉汤

🍲 中级　🕐 2小时　🍽 3人

暖身补虚 + 明目排毒

羊肉性温热，食用后具有温暖身体的作用，适合冬季吃，可以抵御严寒。羊肉中蛋白质等营养物质较多，对于身体虚弱者有较好的补益作用。胡萝卜富含维生素 A 和胡萝卜素，可保护视力，促进新陈代谢。

•营养小贴士•

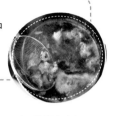

Q&A

胡萝卜羊肉汤怎么做才鲜香有营养?

羊肉的膻味重,要将羊肉放入冷水中,大火加热,使腥味慢慢从羊肉中释放,焯烫 5 分钟后再捞出;焯过的羊肉要再煸炒一次,炒出羊肉油脂,当胡萝卜素遇到油脂,会更易被人体吸收。

材料

葱 1 段、蒜 3 瓣、姜 1 块、胡萝卜 1 根、干辣椒 5 个、羊肉半斤、花椒 1 大勺、清水 6 碗、香菜末 2 大勺

调料

料酒 3 大勺、油 1 大勺、胡椒粉 1 小勺、盐 1 小勺、白糖 1 小勺

扫我煲好汤!

制作方法

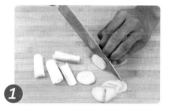

① 葱和蒜去皮、洗净,对半切开;姜洗净,切片,备用。

② 胡萝卜去皮,切滚刀块;干辣椒浸泡 10 分钟,洗净。

③ 羊肉洗净、剔除筋膜,以免影响食用口感。

④ 逆着肉纹将羊肉切成 3cm 见方的块,备用。

⑤ 羊肉块放入冷水中,加料酒煮沸后,撇去浮沫,捞出洗净,滗干。

⑥ 锅中加 1 大勺油,爆香葱姜蒜、花椒、干辣椒,放入羊肉块,煸炒变色。

⑦ 往锅内加水,放入胡萝卜块,用大火煮开后,转成小火,熬煮 1 小时。

⑧ 接着,撒入胡椒粉、盐、白糖,搅拌均匀,盖上锅盖,焖煮 10 分钟。

⑨ 最后,撒上香菜末调味,即可食用。

浓汤菌菇煨牛丸

🍲 高级　🕐 1小时　🍚 3人

抗癌防癌 + 预防衰老

海鲜菇富含蛋白质、碳水化合物、脂肪、纤维素及 18 种氨基酸，常食有抗癌防癌、提高免疫力、预防衰老、延长寿命等功效，是一种具有很高营养价值和药用价值的食用菌。

·营养小贴士·

Q&A 浓汤菌菇煨牛丸怎么做才鲜美 Q 弹?

首先，牛瘦肉搅打成肉泥后，还要用刀剁细，制成牛肉蓉，以增加细腻的口感；其次，在牛肉蓉中加入腌料，不断搅打上劲，既可去腥增鲜，又可使口感弹滑劲道。另外，小油菜、滑子菇等也为这道汤增加了鲜美度。

材料

滑子菇 10 朵、海鲜菇 10 朵、火腿 1 块、小油菜 2 棵、牛瘦肉半斤

腌料

生抽 1 大勺、鸡蛋清 1 份

扫我煲好汤!

调料

高汤 4 碗、盐 1 小勺、白胡椒粉 1 小勺、水淀粉 3 大勺

制作方法

① 滑子菇、海鲜菇洗净；火腿切片。

② 小油菜洗净，掰成油菜心，备用。

③ 牛瘦肉洗净，先切成片，然后放入搅拌机中，搅打成肉泥。

④ 取出牛肉泥，用刀剁细，制成牛肉蓉，放入碗中。

⑤ 然后往牛肉蓉中加入腌料，不断搅打，使其上劲。

⑥ 锅中加入高汤煮沸，将牛肉蓉挤成肉丸，下入汤中浸熟。

⑦ 再放入滑子菇、海鲜菇、火腿煮熟。

⑧ 放入油菜心稍烫，再加入盐、白胡椒粉调味，拌匀。

⑨ 最后，淋入水淀粉勾芡，待汤汁浓稠，即可盛出。

三鲜鸡汤

🍲 中级　⏱ 1 小时 30 分钟　🥣 2 人

抵抗感冒 + 补中益气

鸡汤营养丰富，凡大病初愈、女性产后都会用鸡汤来滋补身体。现代研究发现，鸡汤可以促进呼吸系统的循环，刺激呼吸道内的黏液分泌，起到清除细菌、病毒的作用，对咳嗽、喉咙痛等症状，有预防和改善作用。

•营养小贴士•

Q&A

三鲜鸡汤怎么做才清香味鲜？

生鸡肉略带腥味，需提前焯水去腥。焯水时，可淋入少许料酒，借助酒精的挥发，消除鸡肉的腥气；如果不去腥，生鸡肉的腥味会遮盖其他食材的清香味，影响汤品口味。

材料
葱白1段、姜1块、山楂5颗、红枣5颗、干黑木耳3朵、鹌鹑蛋5个、鸡腿1个、清水6碗、火腿3片

调料
料酒1大勺、盐2小勺

扫我煲好汤！

制作方法

1 葱白洗净，切段；姜洗净，切片，备用。

2 山楂、红枣洗净；干黑木耳泡发、洗净，撕成小朵。

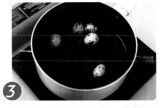

3 将鹌鹑蛋放入滚水，煮熟后捞出，去壳、洗净，备用。

4 鸡腿洗净、切块，放入清水中浸泡，去除血水。

5 鸡腿放入锅中，倒入水，加入料酒。

6 开大火煮沸，去除腥味，然后将鸡腿捞入砂锅中。

山楂可以让炖肉更软烂

7 砂锅中加入6碗清水，放入红枣、葱姜。

8 放入鹌鹑蛋、山楂、火腿、木耳，转成大火煮开。

9 煮开后，加盐调味，再转小火煮1小时，盛出即可。

生姜羊肉汤

🍲 初级　⏱ 1 小时 30 分钟　🍚 3 人

温暖身体 + 补虚强身

生姜能发散风寒，患轻微感冒等症状时，用生姜加红糖泡水，趁热饮用，可以起到发汗、驱寒的作用；生姜还有促进消化腺分泌的作用。另外，羊肉也是温性食材，食用后可以暖胃养生。

·营养小贴士·

18

Q&A

生姜羊肉汤怎么做才姜味浓郁？

羊肉带有膻味，若想去除膻味，需将羊肉下入冷水锅中焯烫，撇去浮沫。在煮制的时候放入料酒，也可起到去腥的作用。另外，羊肉表面的白色筋膜不易咀嚼，煮汤前要将其去除。

材料

羊肉1碗、姜1块、葱白1段、枸杞0.5大勺、清水6碗、香菜末半碗

调料

料酒1大勺、盐1.5小勺、白糖0.5小勺、孜然粉0.5小勺

扫我煲好汤！

制作方法

① 羊肉洗净，剔除表面筋膜。

② 逆纹将羊肉切成3cm见方的块状。

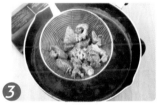

③ 将羊肉块焯水，撇去浮沫，捞出后洗净、沥干，备用。

④ 姜洗净，切片；葱白洗净，切成葱段；枸杞洗净，备用。

⑤ 锅内倒入清水，放入羊肉块、姜片和葱段。

⑥ 大火煮开，转小火熬煮1小时。

⑦ 接着，放入料酒、盐、白糖，搅拌均匀。

⑧ 往锅中撒入枸杞，继续煮10分钟。

⑨ 最后，撒上孜然粉、香菜末即可。

花生凤爪汤

🍲 中级　🕐 35分钟　🍽 2人

Q&A
花生凤爪汤怎么做才汤稠味浓?

凤爪略腥，熬汤前要先焯烫再煸炒，以去除腥味；焯烫时要冷水下锅，随着水温慢慢升高，腥味就逐渐去除了；煮汤过程中，凤爪要用小火慢慢煨，使其中的胶原蛋白融入汤中，如此才能熬出鲜美的浓汤。

材料

花生米半碗、姜 1 块、红枣 5 颗、鸡爪 5 个、开水 4 碗

扫我煲好汤!

调料

油 2 大勺、料酒 1 大勺、盐 1 小勺、白糖 1 小勺、白胡椒粉 0.5 小勺

制作方法

1 花生米用温水泡软，洗净、滗干；姜洗净，切丝；红枣洗净，备用。

2 鸡爪洗净，切去指甲，剁成段状，放入沸水中焯烫至熟，撇去浮沫，备用。

3 锅中倒油烧热，先放入姜丝，中火炒香，再倒入鸡爪，加入料酒翻炒去腥。

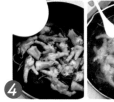

4 然后倒入开水，撒入盐调味。

5 用大火煮沸，放入花生米、红枣，转小火再煮 20 分钟。

6 最后，撇去浮沫，撒入白糖、白胡椒粉，即可食用。

软化血管 + 降胆固醇

花生具有暖胃健脾、润肺滋补的功效，还可降低体内胆固醇，防止皮肤老化，并增强记忆力；凤爪含有大量钙质和胶原蛋白，多吃能软化血管，保护血管健康，并能滋润皮肤，具有较好的养颜美容功效。

·营养小贴士·

冬阴功汤

🍳 高级　⏰ 2.5 小时　🍽 4人

暖身养胃 + 祛湿保健

冬阴功汤的养生效果非常好，常喝冬阴功汤，可以抑制消化道肿瘤生长；另外，香茅有助于排出肠胃内的多余气体；红辣椒有促进血液循环、保护心脏的作用；对常年湿热的南方地区来说，冬阴功汤还有祛湿功效。

•营养小贴士•

Q&A

冬阴功汤怎么做才酸辣鲜香？

冬阴功汤鲜香的秘诀是：煮鸡汤时，需加姜片去腥提味，并撇去浮沫，保证汤水不腥不腻；冬阴功酱口味酸辣，熬汤前最好先将其炒香，若偏爱酸辣味，可再加柠檬、朝天椒等作料，这样熬出的汤会更加酸辣。

材料

干香茅半根、小西红柿 5 个、姜 1 块、口蘑半斤、鲜虾 10 只、鱿鱼 1 条、鸡汤 5 碗、鱼丸 10 个、香菜末 1 大勺

调料

油 1 大勺、冬阴功酱 3 大勺、鱼露 1 大勺、白糖 1 小勺、椰浆 6 大勺

扫我煲好汤！

制作方法

1 干香茅洗净，剪成段状，放入香料包；小西红柿洗净、去蒂，对半切开；姜洗净，切片。

2 口蘑洗净，切片，放入滚水中焯烫至熟，备用。

3 鲜虾洗净，剪去虾须、虾枪、虾脚，再用刀划开虾背，挑出肠泥。

4 鱿鱼洗净，撕去黑膜，在鱿鱼身上切花刀，再切成大片，放入滚水中焯烫。

5 煮锅中倒入鸡汤，放入香料包，大火煮沸，转小火熬 30 分钟，捞出香料包。

6 炒锅中倒油，中火烧热，炒香姜片，加冬阴功酱，转小火翻炒均匀，至香味飘出。

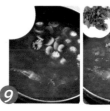

7 然后将熬好的鸡汤倒入锅中，放入虾、鱼丸、鱿鱼、小西红柿、口蘑。

8 汤煮沸后，加入鱼露、白糖调味，搅拌均匀，再煮 5 分钟。

9 出锅前淋入椰浆，撒上香菜末，即可盛出食用。

冰糖双耳汤

中级　　2小时　　4人

Q&A
双耳汤怎么做才清爽滑口？

干黑木耳和银耳最好都用冷水浸泡，这样可以最大程度地保持食材中的营养；干黑木耳中容易藏有沙砾，所以待木耳泡发后，可以用手搓洗黑木耳，将残余沙砾去除干净，保证饮用此汤时，双耳都清爽滑口。

材料
干银耳 1 朵、干黑木耳 7 朵、枸杞 1 大勺、清水 6 碗

调料
冰糖 2 大勺

扫我煲好汤！

制作方法

1 用冷水浸泡干银耳、干黑木耳，直到完全泡发。

2 双耳泡发后，搓洗干净，除去硬蒂，撕成小朵。

3 枸杞浸泡 10 分钟，使其完全泡软。

4 锅中倒入清水，用大火烧开，倒入双耳，转成中火，熬煮 10 分钟。

5 接着往锅中撒入枸杞，再放入冰糖，搅拌均匀。

6 最后，盖上锅盖，小火炖 1.5 小时，至双耳软烂透明、黏稠，即可盛出食用。

滋阴润肺 + 补血养血

双耳搭配着吃，营养十分丰富，银耳润肺、黑木耳补血，二者相得益彰；这道汤具有清理肺部垃圾的功能，非常适合吸烟人群食用；炎炎夏日，将此汤冷藏后食用，香甜解渴又消暑。

•营养小贴士•

红枣桂圆汤

初级　⏲ 40分钟　🥣 2人

Q&A
红枣桂圆汤怎么做才香甜可口？

煮粥炖汤时，可以先将红枣对半切开，用干锅略炒，这样红枣补气补血的效果会更好。不过若是熬煮的时间足够长，也可不必如此，只需把红枣煮烂，熬出枣香味即可，枣中的营养物也会融入汤中。

材料

干红枣 1 碗、枸杞 1 大勺、桂圆 10 颗、莲子 2 大勺、清水 4 碗

调料

红糖 3.5 大勺

扫我煲好汤！

制作方法

1 干红枣和枸杞分别洗净，浸泡 10 分钟，使其完全泡软。

2 桂圆剥壳，将桂圆肉取出，备用。

3 接着把莲子浸泡一夜，洗净后去掉苦芯，备用。

4 锅内加 4 碗清水，大火烧开，倒入红枣和莲子，转成中火，煮 15 分钟。

5 然后放入桂圆，盖上锅盖，用中火再煮 15 分钟。

6 最后，加入枸杞、红糖调味，搅拌均匀，盛出即可。

养气补血 + 降胆固醇

桂圆和红枣都是补血能力较强的食材，有助于补血补气，对于经期中的女性和贫血者有很大帮助；这道汤尤其适合睡前食用，因为莲子的安神助眠效果显著；还可以根据个人喜好，添加冰糖、蜂蜜等调味。

·营养小贴士·

桂花红薯年糕甜汤

🍲 初级 ⏱ 1小时30分钟 🍚 3人

Q&A
年糕甜汤怎么做才鲜甜软糯?

红薯和山药都容易熟，但要煮出绵软的口感，就需要久煮；年糕必须煮软后再吃，口感才好；放入冰糖和糖桂花后，要多搅拌一会儿，使软糯的年糕再充分吸收桂花的香味和冰糖的甜味，那才叫真正的鲜甜软糯。

材料

枸杞 1 大勺、红薯 1 个、山药半根、年糕 1 块、清水 4 碗、糖桂花半碗

调料

冰糖 0.5 大勺

扫我煲好汤!

制作方法

1 枸杞浸泡 10 分钟，使其完全泡软。

2 将红薯去皮、洗净，切成 2cm 见方的块状，放入清水中浸泡。

3 山药去皮，切成 1cm 见方的块状；年糕切成 0.5cm 见方的小块。

4 锅中倒入 4 碗清水，放入红薯块、山药块，用大火煮开。

5 然后放入年糕块，转小火煮 50 分钟。

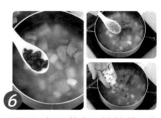

6 最后，加入枸杞、糖桂花、冰糖，即可盛出食用。

抗老健脾 + 顺畅通便

山药补肾益精，还具有抗氧化的功效，可以延缓衰老。山药含有的淀粉酶等物质，有助于脾胃消化吸收，常吃可以健胃养脾；地瓜中的膳食纤维含量丰富，食用后可以促进肠道蠕动，有通便的作用。

·营养小贴士·

一品猪骨汤

中级 ⏱ 2小时 🍲 4人

Q&A

一品猪骨汤怎么做才汤醇味鲜?

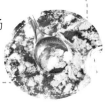

猪筒骨洗净后要预先焯水，去除多余的血沫后，用葱姜炖制，可以使底汤味道更加浓郁。猪筒骨中含有骨髓，经过长时间炖煮后骨髓融入汤中，其味更佳，随后再加入其他食材，炖熟提味即可。

材料

葱白 1 段、姜 1 块、玉米半根、红枣 10 颗、枸杞 0.5 大勺、猪筒骨半斤、高汤 6 碗

调料

盐 1 小勺、胡椒粉 1 小勺、白糖 1 小勺

扫我煲好汤！

制作方法

1 葱白洗净，切段；姜去皮，切片；玉米洗净，切段，备用。

2 红枣洗净；枸杞泡水；玉米放入锅中蒸熟。

3 猪筒骨洗净，放入滚水中焯烫，去除血沫后，再次洗净。

4 锅中加高汤，放入葱段、姜片、猪筒骨和红枣，大火煮开后，转小火炖 1.5 小时。

5 然后把熟玉米段、枸杞一起放入汤中，再煮 10 分钟。

6 最后，加盐、胡椒粉、白糖提味，即可食用。

补气养血 + 强壮身体

猪骨头补气、养血、健骨的作用很好，是物美价廉的养生食物。儿童常喝猪骨头炖的汤，有补充骨胶原等物质的作用，有助于骨骼健康发育；中老年人多喝骨头汤还能保持身体强壮。

营养小贴士

蹄花笋汤

🍲 中级　⏱ 3小时　🍚 4人

润泽皮肤 + 促进发育

猪蹄富含胶原蛋白，能防治皮肤干瘪起皱，增强皮肤弹性和韧性，对于经常性的四肢疲乏、腿部抽筋等也有一定的辅助疗效；花生含有蛋白质、维生素 A 等营养成分，可凝血止血、促进发育、增强记忆等。

·营养小贴士·

32

家常好汤

Q&A

蹄花笋汤怎么做才汤白味鲜?

炖猪蹄时要先用大火煮滚,后用小火煲制,这样猪蹄中的胶原蛋白就会融入汤内,汤色将变得纯白,味道也将更鲜美。猪蹄不易煮熟煮软,必须经过长时间炖煮,因此可以多准备一些高汤,避免汤越煮越少。

材料
姜1块、花生1大勺、枸杞0.5大勺、青笋1段、冬笋半块、猪蹄1个、花椒1大勺

调料
白酒2大勺、高汤6碗、料酒2大勺、鸡汁1大勺、胡椒粉2小勺、盐2小勺

扫我煲好汤!

制作方法

猪蹄切成小块更易煮透

1 姜去皮、拍扁;花生与枸杞均泡水。

2 青笋、冬笋去皮,斜刀切成3cm宽的块。

3 拔掉猪蹄表面多余的毛,用水洗净后剁成5cm大小的块。

4 锅中加水煮滚,放入青笋块和冬笋块,焯熟后过凉。

白酒能有效去腥

5 接着将猪蹄块放入刚才焯水的锅中,加入白酒和半大勺花椒。

6 用中火将水再次煮滚,焯烫10分钟,边煮边撇除浮沫,捞出猪蹄,洗净。

7 净锅,加入6碗高汤,放入焯过的猪蹄、冬笋、青笋。

8 再放入其余花椒和姜,加入料酒、鸡汁,开中火将汤煮滚,再转小火煲2.5小时。

9 猪蹄煮至软烂后,加胡椒粉、盐提味,即可食用。

砂锅冬瓜鸭煲汤

中级　🕐 1 小时 20 分钟　🍽 2 人

Q&A

砂锅冬瓜鸭煲汤怎样做更有营养？

为了使鸭肉的营养成分充分融入汤中，并将鸭肉炖熟，鸭肉炖煮的时间至少应有 40 分钟，若达 2 小时效果更佳。冬瓜、木耳作为鲜味食材应在最后放，一来提升汤的鲜味，二来可以减少维生素 C 的流失。

材料

鸭子半只、冬瓜 1 块、木耳 4 朵、香菜 1 根、姜 5 片、枸杞 10 粒

调料

油 4 大勺、盐 2 小勺、料酒 1 大勺、醋 1 大勺、白胡椒粉 1 小勺

扫我煲好汤！

制作方法

① 鸭肉洗净，切块，放入冷水锅中，大火煮开，焯烫变色后捞出。

② 锅中倒油烧热，煎烤鸭块至表皮金脆，将煎出的油倒掉。

③ 冬瓜洗净，切块；木耳泡发后焯水；香菜洗净，切碎。

④ 将煎过的鸭肉和姜片、枸杞放入砂锅，加入其余所有调料。

⑤ 然后倒入热水，大火煮开后，改小火炖 1 小时，炖至鸭肉软烂。

⑥ 再放冬瓜和木耳，中火炖至冬瓜变软，撒上香菜，即可起锅。

利尿消肿 + 清热祛燥

冬瓜富含维生素 C，且含钠量较低，具有消水肿而不伤正气的特性。鸭肉性寒，也具有利水消肿之功效。冬瓜鸭煲汤最适合体内有热火、发低热、胃胀肠燥和水肿的人群食用。

·营养小贴士·

牛奶地瓜炖鸡汤

🥘 初级 🕐 1 小时 30 分钟 🍜 2 人

Q&A

牛奶地瓜炖鸡汤怎么做才奶香汤醇?

炖汤的鸡肉一定要经过焯烫,去除腥味,保证汤品自然清香;牛奶、地瓜和鸡肉一起炖时,一定要用小火慢慢地煨,随着汤的温度上升,牛奶的香味和地瓜的清香会逐渐被鸡肉吸收,使鸡肉也变得好吃。

材料
红枣6颗、姜1块、地瓜1个、鸡腿2个、鲜奶5包

调料
盐1小勺、白糖1小勺

扫我煲好汤!

制作方法

1 红枣洗净,浸泡20分钟;姜去皮,切片;地瓜去皮、洗净,切块,备用。

2 鸡腿洗净,切块。

3 锅中倒入冷水,放入鸡腿块,大火煮沸后,焯烫至鸡肉变色后捞出。

4 将烫过的鸡肉放入冷水中浸泡,去除鸡肉表面鸡油。

5 另起一炖锅,倒入牛奶,放入鸡肉、红枣、姜片、地瓜。

6 大火煮开后,转小火炖1小时,出锅前加盐、白糖调味即可。

补气健胃 + 养血养颜

牛奶含有丰富的蛋白质、钙、铁等矿物质和多种维生素,能补气养血、润泽肌肤,还有保护胃壁的作用。鸡肉与之异曲同工,一起炖食更为滋补,不仅补充人体所需营养,更是保持身材、养颜美容的佳选。

·营养小贴士·

广式蔬菜汤

中级　🕐 1 小时 50 分钟　🍜 2 人

Q&A

广式蔬菜汤怎么做才味香不油？

做广式蔬菜汤时，需先将牛肉加葱姜片炖熟，保证牛肉软烂不腥，才可熬出鲜美的滋味；牛肉汤油脂较多，若觉得油腻，倒入蔬菜前，再添少量开水即可；若想卷心菜的口感更脆，可以于调味前再放入锅中，稍微烫熟即可。

材料

土豆半个、胡萝卜半根、卷心菜 1/4 个、红肠 1 根、西红柿 1 个、洋葱半个、芹菜 2 根、牛肉半斤、葱 5 片、姜 3 片

调料

油 5 大勺、奶油 5 大勺、番茄酱 5 大勺、盐 2 小勺、白糖 1 小勺、胡椒粉 0.5 小勺

扫我煲好汤！

制作方法

1 土豆、胡萝卜洗净、去皮，切小块；卷心菜洗净，切菱形片；红肠切片；西红柿洗净，切块。

2 洋葱洗净，切丝；芹菜撕去老筋，切成小丁，备用。

3 牛肉洗净，切块，放入冷水中，加葱姜片，开大火煮沸，撇沫，再转小火炖 1 小时。

4 炒锅用中火烧热，放入油和奶油炒化，再放入土豆、胡萝卜、红肠，炒香。

5 接着放入其他蔬菜，加番茄酱和 1 小勺盐，煸炒 2 分钟后，倒入牛肉汤。

6 转小火继续炖煮 30 分钟，加入白糖、胡椒粉和其余盐调味，即可食用。

补养脾胃 + 促进消化

牛肉中富含蛋白质、氨基酸以及锌、镁、铁等多种微量元素，常吃可保持身体强壮，提升肌肉量；与多种蔬菜同吃，不仅具有强身健体的功效，蔬菜中的膳食纤维还能帮助人体消化，促进肠道排毒。

·营养小贴士·

香菇青菜豆腐羹

初级　🕐 20分钟　🍵 2人

Q&A

香菇青菜豆腐羹怎么做才细腻润口？

这是一道浓稠的清淡汤品，食材应尽量切得细碎，方便入口咀嚼，适合孩子和老年人饮用。做汤时，为了使调味均匀，应该先放盐、胡椒粉等调味料，再加水淀粉勾芡，这样做出的汤也才会又浓稠又入味。

材料

香菇 2 朵、小白菜 1 把、南豆腐 1 块、鸡蛋 1 个、清水 4 碗

调料

盐 1 小勺、胡椒粉 2 小勺、十三香 0.5 小勺、水淀粉 2 大勺、香油 1 小勺

扫我煲好汤！

加盐煮可使豆腐不易碎

制作方法

1 香菇洗净，切片；小白菜洗净，切成细丝，备用。

2 南豆腐洗净，切成小方块；鸡蛋打入碗中搅匀，备用。

3 锅中加入 4 碗水，放入豆腐块和香菇片，加盐，用大火煮开。

4 加入胡椒粉、十三香调味，搅拌均匀，继续用大火煮。

5 将水淀粉倒入滚沸的汤中，搅拌均匀。

6 将蛋液均匀淋入汤中，用筷子快速搅拌，待形成蛋花，放入青菜丝，淋入香油即可。

清热解毒 + 清除毒素

香菇青菜豆腐羹口味清淡，非常适合调养身体的人饮用。豆腐富含蛋白质，并且具有清热解毒的功效，而且小白菜和香菇中富含维生素和膳食纤维，能帮助清除肠胃，排除毒素，使人体保持健康。

·营养小贴士·

蔬菜味噌汤

初级　🕐 25分钟　🍲 2人

Q&A

蔬菜味噌汤怎么做才清鲜入味？

味噌是一种提鲜调味的调味料，使用前需要先用热水化开，避免直接加入汤内，出现结块现象。味噌有不同口味，一般红色的味噌口味偏咸，而白色的味噌口味偏甜，根据个人口味选择添加即可。

材料

白芝麻 1 大勺、豆腐 1 块、西红柿 1 个、玉米半根、胡萝卜半根、油菜心 1 棵

调料

味噌 2 大勺、开水 2 大勺、清水 5 碗、冰糖 5 粒

扫我煲好汤！

制作方法

1 白芝麻放入锅中，干炒 5 分钟，炒出芝麻的香味，盛出备用。

2 豆腐洗净，切成小块；西红柿洗净，从顶部切成 6 瓣。

3 玉米洗净，切成 3cm 宽的段；胡萝卜去皮、洗净，切成滚刀块；油菜心洗净择好。

4 味噌放入碗中，加入 2 大勺开水，拌匀溶化。

5 锅中加清水煮沸，加味噌和冰糖，待冰糖熔化放入玉米、胡萝卜、豆腐、西红柿，煮10 分钟。

6 然后放入油菜心，煮熟后关火，撒入炒好的白芝麻即可。

改善便秘 + 降胆固醇

味噌富含蛋白质、尼克酸、维生素 B_1 和铁、钙、锌等营养素。研究证明，常吃味噌能预防胃肠道疾病，还可降低胆固醇，抑制体内脂肪积聚，有改善便秘、预防高血压和糖尿病的作用。

·营养小贴士·

泡菜豆腐汤

初级　　20 分钟　　1 人

家常好汤

Q&A

泡菜豆腐汤怎么做才酸辣香浓?

老豆腐含水量少，口感比嫩豆腐韧，适合煲汤，煮起来也更易入味；豆角和白萝卜块都要炒久一点儿，这样可以缩短煲汤的时间；煮的时间越久，泡菜的酸香味越能融入汤中。

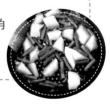

材料
韩国泡菜 1 碗、老豆腐 1 块、豆角 3 根、白萝卜半块、葱 1 段、蒜 2 瓣、年糕 10 片、开水 3 碗

调料
油 1 大勺、辣椒酱 1 大勺、盐 0.5 小勺

扫我煲好汤！

制作方法

1 泡菜切断；老豆腐洗净，切片，备用。

2 豆角洗净，切成段；白萝卜去皮、洗净，切成滚刀块；葱、蒜去皮，切末。

3 锅中倒油烧热，下入葱末和蒜末爆香。

4 接着放入豆角段、白萝卜块煸炒。

避免将豆腐炒碎

5 然后放入泡菜、年糕、豆腐片，轻轻翻动。

6 倒入开水，大火煮沸后，转小火煮 5 分钟，再加入辣椒酱、盐拌匀，煮开即可。

提升食欲 + 开胃消食

腌制泡菜的过程中会产生大量有益乳酸菌，泡菜还含有丰富的蔬菜维生素、氨基酸和钙、磷等微量元素，味道酸爽，开胃消食，是配饭佐酒的好食材；又因其容易消化，所以深受大家的喜爱。

·营养小贴士·

煲一锅
四季养生汤

咸肉竹笋清汤、冬瓜瑶柱瘦肉汤、丝瓜茯苓润燥汤
煲一锅浓醇香口的四季养生汤，
春夏秋冬，时刻滋养家人的身心！

鲫鱼去除其内脏后，加入盐、胡椒粉腌制20分钟，可以去腥气。

冬菇冬瓜煲鱼汤

南瓜浓汤

🍲 中级　🕐 30分钟　🍵 2人

Q&A

南瓜浓汤怎么做才细腻润口?

搅打好的南瓜汁中有时会有杂质,将其过滤掉,会使煮出的南瓜汤口感更加细腻。建议选用普通南瓜制作此汤,因为其本身的甜味足够;做汤时不用再加白糖,只加少许盐,就能凸显南瓜的香甜味。

扫我煲好汤!

材料

南瓜 1 块(约 400g)、椰浆半碗、松子 10 颗

调料

盐 0.5 小勺、黑胡椒碎 0.5 小勺

制作方法

1 南瓜去皮、去瓤,切成大块。

2 锅中加水,放入南瓜,充分煮熟。

水量要没过南瓜

3 然后将南瓜和煮南瓜的水倒入搅拌机,搅打均匀后盛出,滤掉杂质。

4 往搅打好的南瓜汁中加入椰浆,放入锅中大火煮开。

5 然后加入盐和黑胡椒碎调味,搅拌均匀。

6 最后,撒入去壳的松子,即可盛出。

保护视力 + 高钾低钠

南瓜含有蛋白质、类胡萝卜素和钙、磷等成分,营养十分丰富。其中的类胡萝卜素可在人体内转化为维生素 A,对于保护视力、促进骨骼发育有重要的作用。此外,南瓜高钾低钠,非常适合高血压患者食用。

·营养小贴士·

老上海蛋饺煨鸡汤

🍲 高级　⏲ 3小时　🍽 2人

Q&A

老上海蛋饺煨鸡汤怎么做才美味地道？

上海人喜欢用口感鲜嫩的黄芽菜做汤，北方可用娃娃菜或大白菜代替；鸡肉炖汤前要先焯水，去除浮沫和腥味；做肉丸时，最好先将肉馅充分搅打上劲，这样挤出的肉丸口感最好。

材料

三黄鸡半只、开水 6 碗、姜 3 片、娃娃菜半棵、干黑木耳 3 朵、粉丝 1 把、油炸干肉皮 1 片、猪肉馅半碗、蛋饺 10 个、鱼丸 5 个、香菜末 1 大勺

调料

黄酒 5 大勺、盐 3 小勺

扫我煲好汤！

制作方法

1 三黄鸡洗净后，放入汤锅中，加入开水、姜片和 4 大勺黄酒。

2 大火烧沸后，转小火煮 2 小时后捞出，将整鸡切块，与鸡汤备用。

3 娃娃菜洗净，切成大块；干黑木耳和粉丝均放入冷水中泡发。

4 油炸干肉皮放入沸水中浸泡 30 分钟，完全泡软后，切成 4cm 见方的片。

5 猪肉馅放入碗中，加入 1 小勺盐和其余黄酒，充分搅拌均匀，使其入味。

6 用手将腌好的肉馅挤出一个个小肉丸。

7 将肉丸放入沸水中，烫至成形，捞出备用。

8 汤锅中倒入煮好的鸡汤，大火煮沸，放入除香菜末外所有食材。

9 然后加入其余盐调味，用大火再次煮沸后关火，撒入香菜末即可。

咸肉竹笋清汤

初级　🕐 2小时45分钟　🍽 2人

补铁养血 + 降脂减肥

猪肉富含优质蛋白和脂肪酸，具有滋阴润燥、补铁养血的作用，搭配笋中的蛋白质、维生素和纤维素，能促进肠道蠕动，有助于清除附着在肠壁上的多余脂肪，起到降脂减肥的作用。

·营养小贴士·

52

Q&A
咸肉竹笋清汤怎么做才清鲜入味？

此汤若要煮得鲜味浓郁，汤色清澈，咸猪肉一定要预先焯水，将其表面的油污和杂质去除之后，再用来煮汤；煮肉汤宜用小火，避免大火猛煮将肉的口感煮老；煮汤时，每隔半小时可以捞一次浮油。

材料
春笋1根、姜1块、香葱2根、金华火腿1块、咸猪肉1块（约250g）、高汤6碗

调料
盐2小勺、白糖0.5小勺

扫我煲好汤！

制作方法

1 春笋对半切开，去除笋壳，切成锯齿状的片。

2 姜去皮、洗净，切片；香葱洗净，切段。

3 金华火腿切成长条形的块。

4 咸猪肉洗净，切成1cm见方的块，备用。

炖肉宜用小火慢炖，煲肉软嫩

5 锅中加水煮沸，放入笋片焯烫，去除涩味后捞出，再放入咸猪肉焯烫，捞出。

6 锅中换水，倒入高汤，放入火腿块，小火炖1小时。

7 加入咸猪肉块和姜片，再炖1小时。

8 肉炖熟后，撇去汤面的浮沫，放入笋片。

9 接着，加入盐、白糖调味，搅拌均匀，再炖30分钟即可。

莴笋瘦肉汤

初级　　1小时　　2人

Q&A

莴笋瘦肉汤怎么做才鲜美可口?

首先，将猪瘦肉洗净、切片，用油、盐、淀粉、白糖腌制，可以使其滑嫩鲜香;另外，将泡香菇的水留用，可以在熬煮瘦肉汤时增加汤汁的鲜香度，使莴笋瘦肉汤鲜美可口。

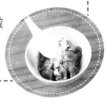

材料

莴笋 1 根、干香菇 4 朵、虾皮 0.5 大勺、猪瘦肉 1 块、清水 4 碗、姜 3 片、香菜段 1 大勺

调料

油 2 大勺、盐 2 小勺、淀粉 0.5 大勺、白糖 1 小勺、香油 1 小勺

扫我煲好汤!

制作方法

1 莴笋洗净、去皮，切成约 3cm 见方的滚刀块，备用。

2 干香菇泡发，再切成片状，泡香菇的水留用;虾皮洗净、滗干，备用。

3 猪瘦肉洗净、切片，用油、盐、淀粉、白糖腌 20 分钟，备用。

4 锅中倒入清水和泡香菇的水，放入姜片、香菇片、虾皮和肉片，大火煮沸。

5 待锅中的食材煮滚，放入莴笋块，再次煮沸后，续煮 3 分钟。

6 最后，加 1 小勺盐调味，放入香菜和香油提鲜，即可食用。

促进食欲 + 预防疾病

莴笋富含蛋白质、脂肪、碳水化合物、维生素 B、维生素 C、胡萝卜素及钙、磷、铁等，有消积下气、利尿通乳、促进食欲、防癌抗癌等功效，对促进骨骼的正常发育、预防佝偻病等也都有好处。

·营养小贴士·

木瓜花生凤爪汤

中级　　2小时　　3人

Q&A

木瓜花生凤爪汤怎么做才口感香美？

处理凤爪和木瓜时，需要将凤爪上的指甲去除，将木瓜中的籽去掉，这样才不会影响口感；另外，猪肋排切块后一定要在沸水中焯烫，撇去血沫，这样可以去除猪肋排的腥气。

材料

凤爪半斤、猪肋排半斤、花生 1 碗、木瓜半个、姜 3 片

调料

盐 2 小勺

扫我煲好汤！

制作方法

① 凤爪、猪肋排分别洗净，去除凤爪上的指甲，将猪肋排切成 5cm 宽的块。

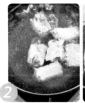

② 锅中倒入冷水，放入猪肋排块，大火煮沸，撇去血沫，捞出洗净。

③ 花生去壳，泡水；木瓜洗净，去皮、去籽，切成大块。

④ 净锅，倒入清水，放入凤爪、花生、姜片和焯过水的猪肋排，大火煮沸后改中火煲 1 小时。

⑤ 然后放入木瓜块，用小火再煲 30 分钟。

⑥ 最后，加盐调味，搅拌均匀，即可食用。

健脾消食 + 补充营养

木瓜中含有一种酶，有利于人体对食物的消化和吸收，有健脾消食的功效。此外，木瓜富含大量水分、多种蛋白质及人体所需的氨基酸，食用后能有效补充营养，增强抗病力。

·营养小贴士·

红枣银耳南瓜汤

初级 ⏱ 1小时 50 分钟 🍲 3 人

Q&A

红枣银耳南瓜汤怎么做才营养美味?

煮汤用的银耳要求煮完后绵而不脆,一般最好选用银耳中的丑耳或糯耳;泡银耳时,第一遍先将银耳中的杂质泡出,第二遍泡银耳的水可煮汤使用,煮至银耳绵软顺口时即可关火。

材料

干银耳 1 朵、红枣 10 颗、南瓜 1 块、清水 4 碗

调料

冰糖 3 大勺

扫我煲好汤!

制作方法

1 干银耳放入水中泡发、洗净,撕成小朵;红枣泡水,洗净。

2 南瓜去皮、洗净,切块。

3 锅中倒入 4 碗清水,放入银耳,大火煮沸后,转小火煮 1 小时。

4 然后放入红枣,再煮 20 分钟。

5 接着放入南瓜块,转大火煮沸后,再转小火煮至南瓜软烂。

6 最后,放入冰糖,煮至融化,即可盛出。

补养脾胃 + 保养皮肤

夏季多吃南瓜有补养脾胃的作用,其中丰富的膳食纤维有助于清除肠胃里的废物;银耳含有多种肝糖,具有滋养身体之效,银耳中的天然植物性胶质,还能保护皮肤,改善肤质。

·营养小贴士·

萝卜木耳煨鸡腿汤

中级　⏱ 2小时　🍜 2人

理气养肺 + 补气补虚

白萝卜理气效果极佳，具有调节肺部功能，清理肺部废物的作用，入秋后常吃白萝卜尤其健康。鸡肉属于人体容易消化和吸收的肉类，具有补气补虚的作用，饮鸡汤可强健体魄，以应对渐渐变凉的天气。

·营养小贴士·

Q&A

萝卜木耳煨鸡腿汤怎么做才入味?

首先，用料酒、盐、白糖腌制不仅能去除鸡肉的腥味，还能使其吸收料汁，充分入味，而料汁也可以倒入锅内，这样汤会更鲜美。白萝卜是此汤的另一鲜味来源，稍微煮久一点儿可使其味道更加充分地释放。

材料

白萝卜 1 块、胡萝卜 1 根、香葱 3 根、姜 1 块、粉丝 1 把、干黑木耳 3 朵、鸡腿 2 个、清水 4 碗、花椒 1 小勺

调料

料酒 4 大勺、白糖 2 小勺、盐 3 小勺、白胡椒粉 1 小勺

扫我煲好汤！

制作方法

① 白萝卜、胡萝卜分别去皮、洗净，切成滚刀块。

② 香葱洗净，打成葱结；姜去皮、洗净，切片。

③ 粉丝和干黑木耳均放入温水中，木耳泡软后撕成小朵。

④ 鸡腿洗净，剁成 4cm 宽的块，放入碗中。

⑤ 接着加入料酒、白糖和 1 小勺盐，腌制 30 分钟。

⑥ 期间不断用手按摩鸡肉，使其吸收料汁，以去除腥味。

⑦ 锅中倒入清水，将葱结、姜片、花椒和鸡腿块连同腌鸡的料汁一起放入锅中，中火加热。

⑧ 待汤汁沸腾，鸡肉变色，放入白萝卜、胡萝卜、木耳、粉丝，转小火炖 1 小时。

⑨ 最后，加入其余盐和白胡椒粉调味，即可盛出食用。

冬菇冬瓜煲鱼汤

🍲 中级　🕐 1小时　🍽 3人

和胃健脾 + 补气益肾

冬菇富含维生素 B 群、铁、钾、维生素 D 等，味道鲜美，主治食欲减退、少气乏力，具有和胃健脾、补气益肾的功效。另外，冬菇作为"山珍之王"，还能够延缓衰老、防癌抗癌、降血脂等。

·营养小贴士·

Q&A

冬菇冬瓜煲鱼汤怎么做才味香汤白?

处理鲫鱼时,去除其内脏后,一定要加入盐、胡椒粉腌制20分钟,这样可以去腥气;另外,用油煎鱼可释放鱼蛋白,使汤色更白,而煎制冬菇片和姜片,也可增加冬菇和姜的香气。

材料

冬瓜1块、冬菇3朵、姜1块、鲫鱼1条、葱花0.5大勺、香菜末0.5大勺

调料

油5大勺、盐2小勺、白胡椒粉1小勺

腌料

盐1小勺、胡椒粉1小勺

扫我煲好汤!

制作方法

① 冬瓜去皮,切块;冬菇泡水后切片;姜去皮,切片。

② 鲫鱼洗净,去除内脏后,加入腌料,腌制20分钟。

③ 油锅烧热,放入鲫鱼,煎好一面后,再煎另外一面。

④ 然后放入冬菇片与姜片,略微翻动,煎出香味。

⑤ 将煎好的鱼、冬菇片和姜片放入汤锅,倒入开水,大火煮约10分钟。

⑥ 放入冬瓜块,继续用大火煮沸。

⑦ 盖上锅盖,转中火,煮至冬瓜变成透明状。

⑧ 冬瓜煮好后,加入盐、白胡椒粉调味,并搅拌均匀。

⑨ 最后,撒入葱花与香菜,即可食用。

甜玉米雪梨甜汤

初级　30分钟　4人

Q&A

甜玉米雪梨甜汤怎么做才香浓可口？

甜玉米洗净后，可以用螺丝刀或者厨房剪刀剔下玉米粒，方便快捷；雪梨去皮后还要去核，以免影响口感；而泡发的银耳则要撕成小朵，这样既方便熬煮，又可使汤品更加香浓。

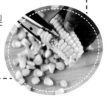

材料

甜玉米 1 根、雪梨 1 个、干银耳 1 朵、枸杞 0.5 大勺

调料

冰糖 3 大勺

扫我煲好汤！

制作方法

① 甜玉米洗净，用螺丝刀或厨房剪刀剔下玉米粒。

② 雪梨去皮、去核，切成大块。

③ 干银耳、枸杞均放入水中泡软，备用。

④ 将玉米粒和梨块放入锅中，加入清水，盖上锅盖，大火煮滚。

⑤ 然后打开锅盖，将泡发的银耳撕成小朵，放入锅中，继续煮 5 分钟。

⑥ 最后，放入冰糖、枸杞拌匀，再煮 5 分钟，即可盛出。

促进排毒 + 延缓衰老

玉米富含营养物质，其中含有的大量植物纤维能促进人体排毒。玉米中的维生素 E 有延缓衰老、降低胆固醇的作用。食用玉米的胚尖可以增强人体新陈代谢，调整神经系统。

•营养小贴士

蜜枣银耳炖乳鸽

中级　3小时　3人

Q&A

蜜枣银耳炖乳鸽怎么做才鲜香易食？

首先，银耳泡好后要撕成小朵，这样更方便咀嚼；其次，乳鸽处理干净后要在沸水中焯烫，去除血沫和腥气。另外，将泡香菇的水留用，可以在煮汤时增加汤汁的鲜香度，使其鲜美可口。

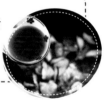

材料

干银耳1朵、干百合10片、干香菇3朵、枸杞1大勺、乳鸽1只、蜜枣10颗

调料

盐2小勺、白糖1小勺

扫我煲好汤！

制作方法

1 干银耳、干百合、干香菇、枸杞分别放入水中泡软，泡香菇的水留用。

2 银耳泡好后，撕成小朵；香菇泡发后，切成片。

3 乳鸽洗净，去除内脏后，剁成5cm宽的块。

4 锅中倒入冷水，放入乳鸽肉块，大火加热至滚沸，去除血沫，捞出洗净。

加入泡菇水可使汤味更鲜

5 将所有食材放入汤锅中，加入清水和泡香菇的水，大火煮开后，转小火煲煮约2小时。

6 最后，加盐、白糖调味，搅拌均匀，即可食用。

防止脱发 + 滋补益气

鸽肉富含蛋白质、钙、铁及维生素A、维生素B等，对脱发、白发和未老先衰等症有很好的疗效。鸽肉易于消化，可滋补益气、祛风解毒，对病后体弱、血虚闭经、头晕神疲、记忆衰退有很好的补益治疗作用。

·营养小贴士·

双菇滚鸭汤

中级　1小时30分钟　2人

Q&A

双菇滚鸭汤怎么做才浓醇香甜？

切好的鸭架如果不用水焯熟，也可以用油爆炒，炒至鸭子变色，再加入开水炖煮，以去除鸭子的腥味。炒熟的鸭子做汤容易油腻，加入蘑菇炖煮，可以中和鸭汤的油腻感，使汤汁更为浓醇香甜。

【材料】

平菇 2 朵、杏鲍菇 1 根、鸭子半只、枸杞 10 粒

【调料】

白胡椒粉 2 小勺、盐 2 小勺

扫我煲好汤！

制作方法

1 平菇和杏鲍菇用清水浸泡 30 分钟，洗净、滗干。

2 鸭子洗净，改刀切块，备用。

3 锅中倒入冷水，放入切好的鸭子，大火烧热，焯至变色，捞出。

4 将焯烫好的鸭肉再次放入煮锅，加入开水，大火煮开后，加盖小火炖 1 小时。

5 将平菇、杏鲍菇、枸杞都放入炖好的鸭汤中，盖上锅盖，转大火煮 10 分钟。

6 放入白胡椒粉和盐拌匀，撒入枸杞，即可关火。

清体降燥 + 滋阴养肺

鸭性寒凉，很适合燥热上火的人食用。蘑菇也有很强的补阴滋润效果，益肺气养肺阴，与鸭肉一同煲汤不燥不腻，不但可加强养肺效果，而且可消除鸭肉的油腻感，降低胆固醇。

·营养小贴士·

冬瓜瑶柱瘦肉汤

初级　2小时　2人

Q&A

冬瓜瑶柱瘦肉汤怎么做才鲜味十足？

准备煮汤材料时，冬瓜不宜切得太薄，否则很容易煮烂，从而影响食用口感，将冬瓜切成大一点儿的块更好；花菇可用干香菇替代，味道一样香浓；若口味较重，汤煮好后加少许蒸鱼豉油即可。

材料

冬瓜 1 块（约 500g）、瑶柱 10 粒、
枸杞 10 粒、红枣 2 颗、干花菇 5 朵、
瘦肉半斤、姜 2 片、清水 6 碗

调料

盐 2 小勺、白胡椒粉 1 小勺

扫我煲好汤！

制作方法

1 冬瓜洗净、去皮，切成大块；瑶柱、枸杞、红枣分别放入温水浸泡，备用。

2 干花菇泡水，用手搓洗掉菇顶和蒂上的脏污。

3 瘦肉洗净，切成与冬瓜块一样大小的块。

4 锅中加水，放入猪肉块，大火加热至滚沸，撇除浮沫。

5 然后放入其余所有材料，大火煮 20 分钟，再转小火煲 1.5 小时。

6 最后，加盐、白胡椒粉调味，搅拌均匀，即可食用。

清热解暑 + 调节水液

冬瓜瑶柱瘦肉汤具有解暑利水的作用，是夏季很好的营养汤品。冬瓜性寒，清热生津，尤为适宜夏季炖汤食用。冬瓜中的维生素 C 含量丰富，钾元素的含量也高，具有调节人体水循环的功效。

·营养小贴士·

莲藕山药火腿炖汤

中级　⏱ 3小时　🍲 4人

Q&A

莲藕山药火腿炖汤怎么炖才鲜香味浓？

秋天的新藕清鲜可口，选择七孔的藕炖汤口味最佳，七孔藕糯而不脆，非常适合炖汤。选用金华火腿炖汤后，因为火腿本身就咸香诱人，所以不宜再过度调味，以免破坏了食材原有的好味道。

材料

莲藕 1 节、淮山药 1 段、花生 2 大勺、陈皮 5 片、金华火腿 1 块、排骨 3 块

调料

盐 2 小勺、白糖 1 小勺、胡椒粉 0.5 小勺

扫我煲好汤！

制作方法

削山药时要带橡胶手套，避免手痒

1 莲藕去皮、洗净，切成 3cm 大小的块；淮山药去皮、洗净，切成 5cm 大小的块。

2 花生、陈皮分别泡水，陈皮刮去白色的内皮，备用。

3 金华火腿切成薄片，备用。

4 排骨剁成小段，放入清水中，加姜片焯烫 10 分钟，捞出洗净。

5 将所有材料放入锅中，倒入 6 碗开水，开大火炖 2 小时。

6 最后，撇除汤面的浮油，加盐、白糖、胡椒粉调味，搅拌均匀，即可盛出。

清热润燥 + 益气养血

莲藕山药火腿炖汤非常适合秋季养生，秋天天气渐渐干燥，吃藕可以清热润燥，同时还有养血补脾的作用。淮山药也是滋补作用很强的食材，具有补虚强身的功效，中老年人常吃能益气养血、延缓衰老。

·营养小贴士·

莲藕花生素汤

初级　🕐40分钟　🥣2人

Q&A

莲藕花生素汤怎么做才清鲜爽口？

干制的香菇比鲜香菇的香味更加浓郁，也更适合煲汤。花生和莲藕均为补血食材，但莲藕属于凉性食材，所以应保留花生的红色外皮，来中和凉性。如果喜欢食材的原始风味，可以选择不加盐调味，直接食用即可。

材料

干香菇3朵、枸杞10粒、莲藕1节、红皮花生半碗、姜3片

调料

油2大勺、盐2小勺

扫我煲好汤！

制作方法

1 干香菇泡发、洗净，泡香菇的水留用；枸杞泡软。

2 莲藕洗净孔洞中的泥沙，切成大块。

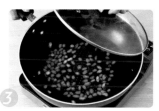

3 红皮花生放入滚水中煮5分钟，去除涩味。

4 高压锅中放入香菇、泡香菇水、红皮花生、莲藕、枸杞、姜片和油。

5 盖上锅盖，密封加压，炖20分钟。

6 煮好后，加入盐调味，盛出即可。

延缓衰老 + 补血养血

食用花生对人体具有很强的抗衰老作用，其含有的赖氨酸是防止提前衰老的重要成分。花生有"长生果"之称，常吃花生，有益于人体延缓衰老。同时，花生和莲藕又都是补血食材，所以此汤非常适合女性食用。

·营养小贴士·

牛肚萝卜煲汤

中级　　2小时30分钟　　2人

Q&A

牛肚萝卜煲汤怎么做才清香入味？

生牛肚带有浓烈的腥味，腥味大多来自牛肚表面的黑膜，用开水浸泡牛肚，撕去黑膜，可去除腥味；白萝卜气味独特，用它煮出的汤清香自然，搭配软嫩的牛肚和提味的香菜，口味更佳。

扫我煲好汤！

材料

牛肚 1 片、白萝卜 1 段、胡萝卜 1 根、陈皮 5 片、香菜 1 根

调料

盐 2 小勺、胡椒粉 1 小勺

制作方法

1 牛肚洗净，放入开水中浸泡 3 分钟，取出撕去表面黑膜。

2 然后将牛肚洗净，切成长条形片。

3 白萝卜、胡萝卜均洗净、去皮，切成滚刀块；陈皮泡软；香菜切段，备用。

4 锅中加入 6 碗水，放入牛肚、白萝卜、胡萝卜、陈皮。

5 开大火煮滚后，盖上锅盖，转小火焖煮 2 小时，煮至牛肚软烂。

6 最后，加盐和胡椒粉调味，撒上香菜段，即可盛出。

润肺理气 + 止咳化痰

牛肚萝卜煲汤具有润肺化痰的作用，非常适合天气转凉后的秋冬季节饮用。
白萝卜清肺理气，能调理肺脏功能，保持人的肺脏健康，在雾霾天气下，多吃白萝卜、陈皮等可以有效清除肺部废物。

·营养小贴士·

干贝萝卜骨头汤

初级　⏱ 2 小时 30 分钟　🍴 3 人

Q&A

干贝萝卜骨头汤怎么做才鲜香入味?

此汤突出一个"鲜"字,要煮出鲜味十足的汤品,食材本身的腥味必须去除。市场上买回来的干贝一般带有腥味,可以用油煸炒去腥,也可以通过加入料酒、葱姜等去腥材料,去除其腥味,这样煲出的汤才会鲜香入味。

材料

干贝 15 粒、白萝卜半根、葱白 1 段、姜 1 块、猪腔骨 1 斤

调料

料酒 1 大勺、盐 2 小勺、胡椒粉 1 小勺

扫我煲好汤!

制作方法

1 干贝放入水中浸泡;白萝卜去皮,切成滚刀块;葱白洗净,切段;姜切片,备用。

2 猪腔骨洗净,放入锅中,倒入清水,大火煮沸,撇去血沫,捞出洗净。

3 将焯过水的猪腔骨、泡软的干贝、葱段、姜片放入净锅中,加入 5 碗清水。

4 接着淋入料酒,大火加热,煮沸后转小火,使汤保持轻微沸腾,炖 2 小时。

5 猪腔骨的肉炖烂后,放入白萝卜块,煮至白萝卜熟透。

6 最后,加盐、胡椒粉调味,搅拌均匀,即可食用。

滋阴补肾 + 清肺理气

干贝富含谷氨酸钠,所以味道极鲜,而所含的蛋白质含量是其他肉类的几倍,具有滋阴补肾的功能,与可清肺理气的白萝卜和滋阴润燥的猪肉同吃,可以对身体进行全方位的补养。

·营养小贴士·

雪梨银耳汤

初级 ⏱ 1小时15分钟 🥄 4人

Q&A

雪梨银耳汤怎么做才香甜润口?

做雪梨银耳汤时,要加入足够多的水,因为长时间熬煮后,水分会部分蒸发,但若中途添水,必定煮不出银耳绵软的口感;此汤煮得越久越好,当冰糖溶化、银耳的胶质煮出后,汤水会变得香甜绵口。

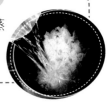

材料

干银耳半朵、枸杞 1 大勺、雪梨 1 个、白杏仁 1 大勺

调料

冰糖 3 大勺

扫我煲好汤!

制作方法

1 干银耳、枸杞都放入冷水中泡软、洗净,备用。

2 将银耳的硬蒂去除,撕成小朵。

3 雪梨洗净,削去果皮,切成小块,放入盐水中浸泡 5 分钟,防止梨块变黑。

4 锅中加水,放入银耳,大火煮沸后,转小火炖 20 分钟。

5 然后放入梨块、白杏仁,炖25 分钟,煮至汤汁黏稠、雪梨软烂、入口即化。

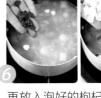

6 再放入泡好的枸杞,加 3 大勺冰糖调味,加盖,再焖煮5 分钟,盛出即可。

润肺止咳 + 美容养颜

银耳既有补脾开胃的功效,又有滋阴润肺的作用;银耳中丰富的天然植物性胶质,对皮肤有良好的养护作用;银耳中还含有大量膳食纤维,有助于肠胃蠕动,并能减少脂肪吸收,以达到减肥瘦身的效果。

·营养小贴士·

丝瓜茯苓润燥汤

初级　1 小时 30 分钟　4 人

Q&A

丝瓜茯苓润燥汤怎么做才鲜香去燥?

这道汤使用了菊花、茯苓、枸杞等食材,可健脾宁心、疏肝解郁、补虚益精;另外,猪瘦肉放入冷水中焯烫,既可以去腥,又能保持肉质鲜嫩,使其口感鲜香滑嫩。

材料

丝瓜 2 根、鲜菊花 10 瓣、白茯苓块 2 大勺、枸杞 1 大勺、猪瘦肉半斤、清水 4 碗、去核红枣 10 颗

调料

盐 2 小勺、白糖 1 小勺

扫我煲好汤!

制作方法

① 丝瓜去皮、洗净,切成滚刀块。

② 鲜菊花、白茯苓块用水洗净;枸杞泡水,备用。

③ 猪瘦肉洗净,切成 0.5cm 厚的片。

④ 锅中加入 4 碗清水,放入肉片,大火煮沸,再放入去核红枣、丝瓜,转中火煮 1 小时。

⑤ 然后放入鲜菊花、白茯苓块和枸杞,煮 10 分钟。

⑥ 最后,加盐、白糖调味,并搅拌均匀,稍煮片刻即可盛出。

美容养颜 + 健脾宁心

丝瓜对女人来说就是可以使用的"化妆品",多食用丝瓜,可以美容养颜。茯苓能利水渗湿、健脾宁心,对水肿尿少、痰饮眩悸、脾虚食少、便溏泄泻、心神不安、惊悸失眠等症有疗效。

·营养小贴士·

滋补菌菇干贝汤

初级 ⏱ 1 小时 30 分钟 🍵 4 人

Q&A
滋补菌菇干贝汤怎么做才鲜味十足？

干贝等干货类食材带有腥味，要想与菌类的鲜味完美融合，就必须经过爆香去腥，再用来煮汤。此外，菌菇经过油炒之后，再加入鸡汤炖煮，鸡汤的香味也会充分浸入，使汤的味道更佳。

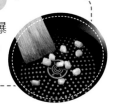

材料

金针菇1把、茶树菇5朵、蟹味菇6根、
杏鲍菇1根、干贝10个、枸杞半大勺、
鸡汤4碗、香葱花0.5大勺

调料

盐3小勺、油2大勺、
白胡椒粉1小勺

扫我煲好汤！

制作方法

① 金针菇、茶树菇和蟹味菇洗净，切去根部；杏鲍菇洗净，切成小块。

② 将所有菌菇放入清水中，加1小勺盐浸泡10分钟，去除细菌杂质后，捞出、滗干。

③ 干贝洗净，浸泡30分钟至软，泡干贝的水留用；枸杞泡软，备用。

④ 炒锅中加入2大勺油，中火烧热后，放入所有菌菇和干贝，炒出香味。

⑤ 倒入4碗鸡汤，用大火煮沸，然后放入枸杞，转小火炖30分钟。

⑥ 最后，加入盐、白胡椒粉调味，出锅前撒上香葱花即可。

降胆固醇 + 补充营养

菌类中含有人体难以消化的粗纤维和木质素，能吸收肠道内多余的胆固醇，并将其排出体外，还可预防便秘等不良症状。干贝的营养价值高，含有大量氨基酸和多种矿物质，能与鲍鱼、海参相媲美。

·营养小贴士·

暖身羊肉汤

🍲 中级 ⏱ 2 小时 30 分钟 🍜 3 人

温暖身体 + 滋补强身

羊肉属于温热滋补的食物，具有暖和身体的作用，适合冬季食用，做成羊肉汤正好适合温暖肠胃。羊肉有强壮身体的作用，大病初愈者喝羊肉汤有利于身体恢复，尤其适合体质虚寒的人饮用。

•营养小贴士•

Q&A

暖身羊肉汤怎么做才汤白味醇？

羊肉和羊骨腥味重，需要经过焯烫去腥，并去除表面脏污；另外，焯烫过后冲洗干净浮沫时，要避免将羊骨中的羊骨髓冲掉。炖煮羊肉汤时，要始终用大火或中火，保持汤汁滚沸，这样煮出的汤汁才会浓白醇厚。

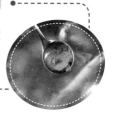

材料

葱白1段、姜1块、香菜1把、羊肉1斤、羊骨1根

香辛料

花椒1小勺、陈皮3片、草果1颗、白芷5片、丁香2粒、桂皮1块

调料

盐2小勺、花椒水2大勺、生抽1大勺、白胡椒粉1小勺、红油2小勺、香油1小勺

扫我煲好汤！

制作方法

① 葱白洗净，切片；姜去皮，切片；香菜洗净，切段，备用。

② 羊肉洗净，切成10cm长、3cm宽、3cm厚的块，备用。

③ 用刀背将羊骨砸断，铺在锅底，上面铺上羊肉。

④ 往锅中加水，没过羊肉，大火煮沸，撇净血沫后，捞出羊肉和羊骨，冲洗干净。

⑤ 净锅，重新放入羊肉和羊骨，加清水再次煮沸，不间断地撇除浮沫。

⑥ 然后将所有香辛料用纱布包成香料包，放入锅中，加入葱、姜。

锅中汤少了就添开水，切忌加冷水

⑦ 接着用大火将羊肉煮熟，加盐、花椒水、生抽，加盖炖煮2小时。

⑧ 羊肉煮熟后捞出，切成薄片，放入碗中，淋入锅中的鲜汤。

⑨ 最后，调入白胡椒粉、红油、香油，撒上香菜即可。

87

当归龙眼羊肉煲汤

中级　　2小时　　4人

Q&A

当归龙眼羊肉煲汤怎么做才香气浓郁?

这道汤的食材不仅有羊排,还有当归、龙眼、枸杞、红枣等,肉香与药香融合,香气扑鼻;另外,焯烫羊排时,放入葱段、姜片以及料酒,可极大程度地去除羊排的腥气,保留其浓郁的香气。

材料

葱1段、姜1块、红枣20颗、龙眼5个、枸杞1大勺、羊排1斤、当归3片、清水4碗

调料

料酒2大勺、盐2小勺、胡椒粉0.5小勺

扫我煲好汤!

制作方法

① 葱洗净,切段;姜去皮,拍扁,备用。

② 红枣去核;龙眼捏碎,取出龙眼肉;枸杞泡水,备用。

③ 羊排洗净,沿肋骨切成长条,再剁成4cm长的块。

④ 锅中加入足量冷水,放入羊排、葱段和拍扁的姜,加入料酒,大火煮沸,撇除浮沫后捞出羊排洗净。

⑤ 把所有处理好的食材和当归放入汤锅中,倒入4碗清水,大火煮滚后,转小火煮1.5小时。

⑥ 最后,往汤中加入盐、胡椒粉拌匀,即可盛出。

补充营养 + 补血活血

龙眼富含葡萄糖、蔗糖、蛋白质、铁等,可提高热能、补充营养、促进血红蛋白再生及增强记忆、消除疲劳,对思虑伤脾、头昏失眠、心悸怔忡、下血失血等症有一定疗效。当归具有补血活血、调经止痛等功效。

•营养小贴士•

89

胡萝卜山药羊排汤

🍲 中级　⏱ 2小时　🥄 4人

增强免疫 + 补脾养胃

胡萝卜中含有的胡萝卜素可以增强孩子的免疫力,清除致人衰老的自由基;山药含薯蓣皂苷元、糖蛋白、维生素 C、胆碱等元素,具有补脾养胃、生津益肺之效,主治脾虚食少、久泻不止等症。

·营养小贴士·

Q&A

胡萝卜山药羊排汤怎么做才浓香可口?

首先,羊排需要焯烫、撇去浮沫,这样不仅可去除杂质,还可去除腥气;其次,将羊排和葱、姜、八角一起翻炒,可增加羊排的辛香味,使其香气扑鼻。

材料

山药 1 段、胡萝卜 1 根、葱 1 段、香菜 2 根、姜 1 块、羊排 1 斤、八角 2 个

调料

油 3 大勺、盐 2 小勺、白胡椒粉 1 小勺、香油 1 小勺

扫我煲好汤!

制作方法

① 山药去皮,切块;胡萝卜去皮、洗净,切块。

② 葱洗净,切片;香菜洗净,切段;姜去皮、洗净,切片。

③ 羊排洗净,剁成 4cm 长的块。

④ 锅中倒入冷水,放入羊排块,大火煮沸。

⑤ 边煮边撇去浮沫,然后将羊排块捞出洗净,备用。

⑥ 炒锅中加入 3 大勺油烧热,下入葱姜片、八角炒香。

⑦ 再放入羊排块,炒至变色。

⑧ 将山药、胡萝卜放入锅中,倒入开水没过食材,大火煮沸后,转小火煮 1.5 小时。

⑨ 羊排块焖熟后,加入盐、白胡椒粉、香油拌匀,即可盛出。

淮山芡实煲瘦肉

🍚 中级　🕐 1 小时 30 分钟　🍽 2 人

补脾养胃 + 益肾固精

山药含糖蛋白、维生素 C、胆碱、淀粉、游离氨基酸等元素，具有补脾养胃、补肾涩精之效，主治脾虚食少、肾虚遗精、虚热消渴等症。芡实归脾、肾经，可益肾固精、补脾止泻、除湿止带。

·营养小贴士·

Q&A

淮山芡实煲瘦肉怎么做才汤浓色亮?

首先，山药和红心地瓜切块后，要浸泡入水中，这样可以防止山药和地瓜氧化变黑，使其保持鲜亮的色泽；其次，煮猪瘦肉时，要边煮边撇去浮沫，这样可保持汤水不腥，使这道汤香浓可口。

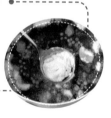

材料

鲜淮山药 1 根、红心地瓜 1 个、鲜芡实 1 碗、猪瘦肉 1 块（约 150g）、姜 2 片、清水 6 碗

调料

盐 2 小勺、白糖 1 小勺

扫我煲好汤！

制作方法

泡水可以防止山药氧化变黑

1 淮山药洗净、去皮，切成大块；地瓜去皮、洗净，切块。

2 将切块的淮山药和地瓜泡入水中。

3 芡实洗净，用温水浸泡 10 分钟后滗干。

4 猪瘦肉洗净，切成 3cm 宽的块。

5 锅中放入芡实、姜片，加入 6 碗清水，大火煮 20 分钟。

6 然后放入猪瘦肉，再次大火煮沸。

7 边煮边撇去浮沫，再煲 15 分钟。

8 放入淮山药和地瓜，煮沸后转中小火再煮 20 分钟。

9 最后，加入盐、白糖调味，即可食用。

红枣花生牛筋汤

中级　1小时　3人

Q&A

红枣花生牛筋汤怎么做才软嫩鲜香？

首先，要将牛蹄筋入沸水焯烫断生，加入料酒可以更好地去除腥气；其次，姜片和牛蹄筋混炒，不仅可进一步去除牛蹄筋的腥气，还能使其具有辛香气；最后，用高压锅熬煮，可使牛蹄筋软嫩可口。

材料

牛蹄筋 1 斤、姜 4 片、红枣 10 颗、红皮花生半碗、清水 6 碗

扫我煲好汤！

调料

料酒 2 大勺、油 4 大勺、盐 2 小勺、白胡椒粉 1 小勺

制作方法

1 牛蹄筋洗净，先粗略地切成 3 大块。

2 锅中加水煮沸，放入切开的牛蹄筋和料酒，焯烫至断生后，捞出、过凉。

3 将过凉后的牛蹄筋改刀切成小块，备用。

4 炒锅中倒入 4 大勺油烧热，下入姜片和牛蹄筋，翻炒 2 分钟，充分去腥。

5 将炒过的牛蹄筋倒入高压锅中，放入盐、红枣和花生，倒入清水，加盖密封，炖 30 分钟。

6 待牛蹄筋压软，放汽后打开锅盖，加入白胡椒粉调味拌匀，即可盛出。

抗皱美肤 + 益气补虚

牛蹄筋富含蛋白聚糖和胶原蛋白，脂肪含量低，不含胆固醇，能增强细胞生理代谢，延缓衰老，具有抗皱美肤、强筋壮骨之效，可益气补虚、温中暖中，主治腰膝酸软、虚劳羸瘦、产后虚冷、中虚反胃等症。

•营养小贴士•

好味道的
补虚强身汤

南洋肉骨茶、枸杞当归乌鸡汤、薏米陈皮鸭汤
煮一锅暖心味美的补虚强身汤,
让家人的身体棒棒的!

牛肉略腥，要预先放入冷水中加热，使血水和腥味浮出，若直接放入开水中焯烫，反而不易去除腥味。

党参牛肉汤

红枣黑豆肉骨汤

🍲 中级　⏱ 2 小时 15 分钟　🍵 3 人

Q&A

黑豆肉骨汤怎么做才肉香豆软?

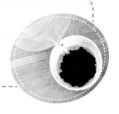

此汤中的黑豆必须吃起来绵软顺口,但黑豆和薏米都是不容易熟的食材,所以需要将黑豆、薏米预先泡水,这样再经过炖煮,二者才更易软烂;排骨虽然易熟,但久煮一会儿可以使蛋白质释出,使煮出的汤更香醇。

材料

干红枣 10 颗、黑豆半碗、薏米 2 大勺、黄芪 5 片、枸杞 1 大勺、猪腔骨半斤、清水 6 碗、葱姜片适量

调料

料酒 1 大勺、盐 1.5 小勺、白糖 1 小勺、胡椒粉 0.5 小勺

扫我煲好汤!

制作方法

① 干红枣、黑豆、薏米、黄芪、枸杞分别洗净,浸泡 10 分钟。

② 腔骨泡入清水,血水泡出后洗净,再焯水,撇去浮沫,捞出洗净,滗干。

③ 砂锅中倒入 6 碗清水,放入猪腔骨块、葱姜、黑豆、薏米,大火加热。

④ 煮开后,放入干红枣、黄芪,转中火焖煮 1.5 小时。

⑤ 之后再加料酒,小火煮 10 分钟,把猪排骨块煮至烂熟,黑豆煮至绵软黏稠。

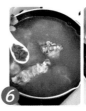

⑥ 将浸泡过的枸杞撒入锅内,再煮 5 分钟,加盐、白糖、胡椒粉调味,拌匀即可。

抵抗氧化 + 滋阴补虚

腔骨滋阴润燥,还含有骨髓等营养物质;黑豆含有花青素,是很好的抗氧化剂,能清除体内自由基,尤其是在胃内酸性环境下,抗氧化效果更好,滋阴、养颜、美容,增加肠胃蠕动。

•营养小贴士•

麦冬排骨汤

🍲 中级　　⏱ 1 小时 50 分钟　　🍜 3 人

调节血糖 ＋ 滋阴补虚

麦冬含有葡萄糖、氨基酸、谷固醇等营养成分，并且能够调节血糖、平衡胰岛素，是很好的疗养圣品；排骨滋阴补虚，是平日里最实用的补充能量的食物，尤其适合经常熬夜、长时间工作的人群饮用。

·营养小贴士·

Q&A
麦冬排骨汤怎么做才清爽咸甜?

排骨煮汤前要经过焯水处理,以去除肉腥味,使排骨散发清香味;此汤可以选用新鲜的甜玉米,口味甘甜,其鲜甜的味道融入汤中,也会使排骨汤更加鲜美;枸杞易软烂,所以临出锅前撒入即可。

材料

麦冬1小勺、枸杞1小勺、葱白1段、姜1块、冬瓜1块(约100g)、玉米1根、猪排骨半斤、清水5碗

调料

料酒1大勺、盐1.5小勺、白糖1小勺、胡椒粉0.5小勺

扫我煲好汤!

制作方法

1 麦冬、枸杞浸泡10分钟,备用。

2 葱白洗净,切段;姜洗净,切片,备用。

3 冬瓜去皮,切成滚刀块;玉米切段,备用。

4 将排骨剁成块,放入清水浸泡20分钟,备用。

5 将排骨块焯水,捞出洗净,滗干水分。

6 锅中放入排骨、麦冬,倒入清水,大火煮开后,转小火炖40分钟。

7 接着,倒入冬瓜块、玉米段,盖上锅盖,转成中火,煮10分钟。

8 然后,倒入料酒,搅拌均匀,继续用中火煮10分钟,使排骨完全熟烂。

9 最后,撒上枸杞、盐、白糖、胡椒粉,盛出即可。

南洋肉骨茶

中级　🕐 2小时　🍚 2人

Q&A

肉骨茶怎么做才清香鲜美?

煮肉骨茶的排骨,必须瘦肉多,肥油少,这样煲出的排骨才口感鲜嫩,不油腻;新鲜的排骨不必清洗,不然会洗去排骨的清香味,使做出的排骨鲜味欠佳;焯烫排骨时,需冷水入锅,这样才能有效去除腥气。

材料

油菜4棵、蒜1头、干香菇5朵、肋排骨1斤

香辛料

桂皮1块、丁香3粒、枸杞1大勺、八角2个、甘草1大勺、陈皮2片、干桂圆2个、当归3片

调料

生抽0.5大勺、盐1小勺、白胡椒粉1小勺

扫我煲好汤!

制作方法

1 油菜掰开,洗净;蒜去皮,对半切开;干香菇泡软,切成3瓣,泡菇水留用。

2 肋排骨切成3cm的段状;将所有香辛料用纱布包好,做成香料包,备用。

3 锅中加入清水,放入肋排,大火煮沸,焯烫3分钟,捞出洗净,滗干。

4 撇除锅中浮沫,再放入油菜烫熟,捞出、过凉,摆入汤碗中,备用。

> 油菜烫熟后立即泡入凉水,可保持口感兼脆

5 锅中加入6碗清水,放入香料包,加生抽、盐、白胡椒粉调味,大火煮沸。

6 放入焯过的肋排、蒜瓣、香菇,再次煮沸后,转中火,煮1.5小时后,盛入碗中即可。

补血补气 + 滋养身体

肉骨茶可补充体力、滋养脾胃,对于身体疲乏以及长期从事体力工作者具有很好的维持体力的作用;天气湿气重时,脾胃多受湿气侵扰,特别适合饮肉骨茶,祛湿驱寒,为健康保驾护航。

·营养小贴士·

莲子猪心汤

🍲 中级　⏱ 1小时　🍜 3人

排毒养心 + **降脂安神**

猪心补益身体、营养丰富，对于加强心肌营养、增强心肌收缩力有很大的作用，适合心虚、自汗、失眠多梦者食用；莲子是补心安神的养生食材，还具有滋补肾精的作用，与猪心同吃，有助于精神不振者恢复活力。

·营养小贴士·

104

Q&A

莲子猪心汤怎么做才爽脆不腥?

猪心的外表面带有血污，并散发血腥味，而且内脏类食材静置在空气中，容易散失水分，所以要预先将猪心泡水，并用面粉揉搓猪心，去除表面的血污和猪心的腥气；汤中的莲子最好煮软，这样口感才好。

材料

莲子1把、干红枣10颗、当归2片、葱白1段、姜1块、猪心1个、清水3碗

调料

料酒3大勺、盐2小勺、白糖1.5小勺、胡椒粉1小勺

扫我煲好汤!

制作方法

1 莲子、干红枣浸泡10分钟后，洗净、滗干，备用。

2 当归浸泡10分钟，洗净、滗干，备用。

3 葱白洗净，切段;姜洗净，切片，备用。

4 将猪心对半切开，放血，冲净血管内的血块。

5 猪心洗净，切成片状。

6 将猪心片焯水，捞出洗净，滗干水分，备用。

7 锅内放入猪心片，加水，放入葱姜、料酒、莲子、干红枣。

8 用大火煮10分钟后，放入当归，转小火炖10分钟。

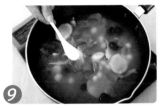

9 最后，调入盐、白糖、胡椒粉，盛出，即可食用。

党参牛肉汤

🍳 中级　🕐 1 小时 30 分钟　🍜 4 人

补中益气 + 强健筋骨

牛肉含有维生素 B_6，可以促进蛋白质的代谢与合成，维生素 B_6 还可以与牛肉中的锌结合，提高人体的免疫力；牛肉中锌、镁、铁含量较高，有助于人体造血功能，锌还是一种促进生长发育和肌肉生长的重要元素。

·营养小贴士·

Q&A

党参牛肉汤怎么做才软烂有营养?

牛肉略腥，要预先放入冷水中加热，使其中的血水和腥味释放，若是直接放入开水中焯烫，反而不容易将腥味去除干净；胡萝卜中的胡萝卜素是脂溶性营养素，与牛肉中的动物性油脂结合，更容易被人体吸收。

材料

葱白1段、姜1块、香葱1根、白萝卜1块、胡萝卜半根、党参1根、当归2片、干红枣5颗、牛肉1块(200g)、清水4碗、枸杞1大勺

调料

料酒1大勺、盐1小勺、白糖1小勺、胡椒粉0.5小勺

扫我煲好汤！

制作方法

1 葱白洗净，切段；姜洗净，切片；香葱洗净，切成葱花，备用。

2 白萝卜和胡萝卜均去皮、洗净，切成滚刀块，备用。

3 党参、当归、干红枣浸泡1小时后，洗净，备用。

4 牛肉洗净、滗干，切成2cm见方的小块。

5 牛肉块焯水，捞出，滗干水分。

6 将处理好的牛肉块、党参、当归、干红枣、姜放入砂锅中。

7 倒入清水，放入葱段、姜片，加料酒，小火炖1小时。

8 然后加入枸杞、白萝卜、胡萝卜，转中火煮10分钟。

9 最后，加入盐、白糖、胡椒粉调味，撒上葱花，即可盛出。

枸杞当归乌鸡汤

🍲 高级　🕐 2小时　🍜 4人

乌鸡汤怎么做既鲜美又营养丰富?

炖乌鸡汤时，要先将乌鸡放入冷水，泡出血沫，再慢慢加热，直至水滚，将乌鸡焯烫，去除鸡身上的土腥味；此外，若想加强乌鸡汤的补身作用，可加入虫草、枸杞这种不影响味道的营养品。

材料

枸杞1大勺、当归2片、春笋2块、姜1块、葱白1段、乌鸡1只、清水7.5碗、虫草花1把

调料

料酒6小勺、盐1小勺、白糖1小勺

扫我煲好汤！

制作方法

① 枸杞浸泡10分钟；当归洗净；春笋去皮、洗净，切小段。

② 姜洗净，切片；葱白洗净，切段；乌鸡洗净，用刀切去鸡屁股，备用。

③ 锅内加五成满的水，放入乌鸡，加入3小勺料酒，大火煮开。

④ 另起锅，加7.5碗水，放乌鸡、当归、虫草花和其余料酒，大火煮沸，转小火煮1.5小时。

⑤ 然后放入葱姜、笋段，盖上锅盖，再转中火煮15分钟。

⑥ 最后，打开锅盖，放入枸杞、盐、白糖调味，再次煮开即可。

补血抗老 + 补虚强身

乌鸡中含有的烟酸、维生素E和磷、铁、钾、钠等微量元素均高于普通鸡肉，而乌鸡的胆固醇与脂肪含量却很低，所以乌鸡营养价值极高，常作为补虚强身的滋补上品；常吃乌鸡可以提高生理机能、延缓衰老。

•营养小贴士•

陈皮老鸭汤

🍲 中级　🕐 2小时　🍚 3人

理气补虚 + 清热健脾

鸭肉的营养价值高，蛋白质含量丰富，有研究表明，鸭肉中的脂肪不同于黄油或猪油，其化学成分接近于橄榄油，有降低胆固醇、防治心脑血管疾病的作用，对担心摄入太多饱和脂肪酸的人群来说尤为适宜。

·营养小贴士·

Q&A

陈皮老鸭汤怎么做才香浓不腻?

鸭皮布满细毛,不易清理,煮汤前剥去鸭皮,可使煮出的汤不油腻,容易入味;冬瓜吸油,与鸭肉同煮,可以吸收鸭汤里的部分油腻,使煮出的汤更加清爽;放入腊肉,是为了使腊香味融入汤中,提升风味。

材料

陈皮 2 大勺、竹荪 1 个、葱 1 段、姜 1 块、冬瓜 1 块、腊肉 1 块、猪里脊肉 1 块(约 50g)、鸭子半只、清水 5 碗

调料

米酒 2 大勺、盐 2 小勺、白糖 1 小勺、胡椒粉 0.5 小勺

扫我煲好汤!

制作方法

1 将陈皮、竹荪洗净,浸泡 10 分钟。

2 葱洗净,切段;姜洗净,切片;冬瓜去皮,切块;腊肉切块。

3 剔除猪里脊肉筋膜,切成条状,焯水,捞出洗净,滗干备用。

4 鸭子去除内脏、洗净,切块,放入清水浸泡 20 分钟。

5 鸭块焯水,撇去浮沫,捞出。

6 用流水冲净鸭块表面的残余浮沫。

7 锅内加 5 碗水,放入鸭块、陈皮、猪里脊块、姜片、竹荪。

8 倒入腊肉,淋入米酒,用大火煮开后,转成小火,炖煮 1 小时。

9 最后,放入冬瓜,继续炖煮 20 分钟,撒入盐、白糖、胡椒粉调味,即可。

川贝银耳莲子汤

初级　🕐 1小时　🍜 4人

Q&A

银耳莲子汤怎么做才香甜绵软？

先用冷水浸泡银耳，使银耳变软，冲洗干净，再换水继续浸泡，第二次泡银耳的水可以直接倒入锅中煮汤，因为水中含有不少银耳泡出的营养物质；此汤适合秋季饮用，也可以冷藏后再喝。

材料

木瓜半个、干红枣5颗、
川贝2大勺、干银耳半朵、
莲子3大勺、清水5碗

调料

冰糖3大勺

扫我煲好汤！

制作方法

1 木瓜去皮、去籽，切成1cm见方的小块，备用。

2 干红枣、川贝浸泡10分钟。

3 干银耳在开水中浸泡10分钟，泡好后去蒂，撕成小朵。

4 莲子浸泡10分钟，去除莲子的苦芯。

5 锅内倒清水，放入红枣、银耳、莲子、川贝，用大火煮开。

6 放入木瓜块，转成小火，炖30分钟，再放入冰糖调味，即可盛出。

止咳祛痰 + 滋润肺脏

川贝养生效果极好，具有止咳祛痰的作用，食用后能很好地补益呼吸系统，常被用来治疗咳嗽、多痰等症状；银耳也具有清理肺脏的功效，雾霾天气严重时，常吃银耳可以清理肺部垃圾，保护肺脏。

·营养小贴士·

花菇炖鸡汤

🍲 中级　⏱ 1 小时 20 分钟　🍲 2 人

健体安神 + 促进消化

花菇是食用菌中的名品,具有助消化、补五脏、安神和抗癌之功效;鸡肉中的蛋白质也易于消化吸收,两者同食,既有益于强壮身体,又有益于治疗神经衰弱、消化不良等疾病。

•营养小贴士•

补虚
强身汤

Q&A
花菇炖鸡汤怎么做才清香味美?

该炖品肉嫩、味美、营养,制作过程简单,仅用清汤炖制而成,保留了鸡肉和花菇的原汁原味,也可多增加青笋等新鲜食材用来提鲜。另外,在炖汤前对鸡肉的处理要求高,必须焯水去腥。

材料
青笋1段、葱半根、姜1块、花菇5朵、鸡腿2个、花椒1小勺、八角2个、小茴香1小勺

调料
猪油1小勺、黄酒2大勺、盐2小勺

扫我煲好汤!

制作方法

1 青笋去皮、洗净,切片;葱洗净,切段和丝;姜去皮,切片,备用。

2 花菇提前泡发,挤干水分,泡花菇的水留用。

3 鸡腿浸泡洗净,切成小块。

4 锅中加入冷水,放入鸡肉块,大火烧沸,撇去浮沫,待鸡肉变色捞出。

5 锅内放入花菇、葱段、姜片、花椒、八角、小茴香。

6 加入温水和泡花菇的水,使其没过食材。

7 然后放入猪油、黄酒,大火烧开后,转小火炖50分钟。

8 鸡汤炖好后,放入青笋片、盐,转大火烧开。

9 最后,再煮3分钟,撒入葱丝即可。

115

茶树菇老鸭汤

🍲 中级　🕐 1 小时 30 分钟　🥣 2 人

Q&A

茶树菇老鸭汤怎么做才汤汁香浓?

老鸭有股腥气，在焯水的时候，可以加入适量料酒，去除腥气，这样烹制出的汤汁才会香浓无异味。而在加入茶树菇时，一定要将茶树菇中的水分尽量攥干挤出，别把泡发茶树菇的水都带入汤中，以免影响汤的味道。

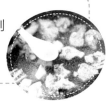

材料

老鸭半只、茶树菇 1 碗（约 50g）、姜 5 片、开水 4 碗、枸杞 10 粒

调料

料酒 2 大勺、盐 1 小勺

扫我煲好汤！

制作方法

1 老鸭洗净，改刀切块，备用。

2 锅中倒入冷水，放入切好的鸭块，大火加热，将鸭肉焯至变色，捞出。

3 茶树菇洗净，用温水浸泡 15 分钟，捞出滗干。

4 将鸭块、茶树菇、姜片和料酒一起放入砂锅中。

5 往锅中放入开水，大火煮开后，盖上盖子，转小火再熬 1 个小时。

6 关火前 10 分钟，将洗净的枸杞放入汤中，加盐调味即可。

纤体瘦身 + 抵抗癌症

鸭子的营养价值很高，鸭肉中的脂肪含量适中，蛋白质丰富，并较均匀地分布于全身组织中，特别适合想减肥又想吃肉的人食用。把鸭肉同茶树菇一起煮汤食用，能增强体质，提高身体对癌症的抵抗力。

·营养小贴士·

薏米陈皮鸭汤

中级 ⏱ 3小时10分钟 🍜 2人

Q&A
薏米陈皮鸭汤怎么做才鲜美不油腻？

鸭子由于油脂较多，所以去除鸭皮，可以使煲出来的汤不那么油腻；汤汁炖好后，为减轻油腻感，可撇去汤面的一层油脂。另外，鸭块入清水焯烫，有助于去腥增鲜。

材料

莲子 10 粒、薏米 1 大勺、
枸杞 0.5 大勺、陈皮 5 片、
香菜 1 根、鸭子半只

调料

盐 2 小勺、白胡椒粉 1 小勺

扫我煲好汤！

制作方法

鸭皮油脂多，
去除鸭皮
可减轻油腻

1 莲子和薏米洗净，用温水浸泡 1 小时；枸杞泡水，备用。

2 陈皮用温水泡软后，刮去表面白色的膜；香菜洗净，切段，备用。

3 鸭子洗净、去皮，切成约 4cm 宽的块。

4 锅中倒入足量冷水，放入鸭块，大火煮沸，焯至断生。

5 锅中倒入清水，放入焯过的鸭块和其他食材，大火煮开后，转小火煲 3 个小时。

6 炖好后，加盐、白胡椒粉调味，并撇去汤面的油脂，撒上香菜段，即可盛出。

理气健脾 + 防治疾病

薏米补气、健脾、利湿，其营养素含量为普通米的数倍，能促进新陈代谢、提供能量；陈皮归肺、脾经，可理气健脾、燥湿化痰；鸭肉富含蛋白质、脂肪，有降低胆固醇、防治心脑血管疾病的作用。

·营养小贴士·

鲫鱼豆腐汤

🍲 中级　🕐 30 分钟　🍽 3人

健脾补虚 + 清热降火

鲫鱼含有优质的蛋白质，常喝鲫鱼汤对于脾虚体弱等状况有很好的改善作用。木瓜和豆腐也是健脾、补虚的好食材，与鲫鱼搭配煮汤，可以加强此汤的功效，同时豆腐还能起到清热降火的作用。

·营养小贴士·

Q&A

鲫鱼豆腐汤怎么做才香浓爽口？

要想鱼汤做得鲜爽，加水之前，要先用油将鲫鱼煎过，煎出鱼皮表面的鱼蛋白，这样不仅可以使鱼汤的颜色变得奶白，还提升了此汤的补身功效；另外，鲫鱼本身略微带有腥味，煮汤时加一点儿料酒，可以去腥提鲜。

材料

鲫鱼1条、葱白1段、姜1块、枸杞1小勺、豆腐1块、木瓜1/4个、清水5碗、香葱末1大勺

调料

油2大勺、料酒1.5大勺、盐1小勺、胡椒粉0.5小勺、白糖0.5小勺

扫我煲好汤！

制作方法

1 将鲫鱼去鳞、鳃、内脏，洗净，沥干水分，备用。

2 葱白洗净，切段；姜洗净，切片；枸杞浸泡10分钟。

3 豆腐洗净，切4cm见方的片状；木瓜去皮，切小块。

4 锅中加2大勺油，爆香葱段、姜片。

5 接着放入处理好的鲫鱼，用小火煎至鲫鱼双面略发黄。

6 然后往锅内倒入5碗水，加入料酒，用大火煮5分钟。

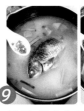

7 接着放入豆腐、木瓜，转小火慢炖。

8 炖至汤汁变白、浓稠时，撒入盐、胡椒粉、白糖搅匀，继续炖15分钟。

9 最后，撒上枸杞、香葱末，即可盛出食用。

泥鳅豆腐汤

中级　1小时　4人

Q&A

泥鳅豆腐汤怎么做才鲜美不腥？

泥鳅的处理非常重要，可先用清水养两三天，加少许油和盐，有助于泥鳅排出污物；烹制前入沸水焯烫，可去除表面的粘膜及土腥味；而熬煮前先用料酒煎制泥鳅，既可增加汤品的鲜美度，还可进一步去腥。

材料
香葱2根、香菜2根、豆腐1块、开水4碗、泥鳅半斤、姜5片

调料
腐乳1块、油5大勺、盐1小勺、白胡椒粉1小勺

扫我煲好汤！

制作方法

1 香葱洗净，切成香葱粒；香菜洗净，切段。

2 豆腐洗净，切成小块；腐乳加1大勺开水调成腐乳汁，备用。

3 泥鳅杀好后洗净，放入滚水中焯烫至熟，捞出。

4 锅中加入5大勺油烧热，放入焯过的泥鳅煎制，接着淋入料酒，翻面再煎。

5 然后加入4碗开水和姜片，大火煮沸后，放入豆腐、腐乳汁，用中火煮30分钟。

6 最后，撒入香葱粒和香菜段，加入盐、白胡椒粉调味，即可盛出。

补中益气 + 养肾生精

泥鳅富含蛋白质、钙、磷、核苷和多种维生素、酶，有"水中人参"之美誉，能提高身体抗病毒能力、降脂降压，具有补中益气、养肾生精、祛湿止泻、暖脾胃、疗痔、止虚汗之功效。

·营养小贴士·

123

我最爱吃的猪肉
作者○赵立广 定价/25.00

回锅肉、狮子头、粉蒸肉……一场丰富的猪肉料理盛宴即将开席，你还在等什么？赶紧行动起来吧！

我最爱吃的蔬菜
作者○加贝 定价/25.00

手撕包菜、姜汁藕片、肉末茄子……精美的图片、简明的步骤，让你轻松做出美味佳肴：妈妈再也不用担心我的厨艺了！

我最爱吃的鸡鸭肉
作者○曹志杰 定价/25.00

宫保鸡丁、啤酒鸭、照烧鸡腿饭……本书收集了多种鸡鸭肉菜式和烹饪方式，绝对是鸡鸭肉爱好者的实用烹饪指南！

我最爱吃的海鲜
作者○加贝 定价/25.00

清蒸鲈鱼、红烧带鱼、蚵仔煎……本书带你领略一道道美味的海鲜料理，蒸烧煮炸一起上，绝对让你馋涎欲滴！

我最爱吃的牛羊肉
作者○加贝 定价/25.00

酸汤肥牛、水煮牛肉、葱爆羊肉……用最家常的技法做出最美味的牛羊肉料理，步骤易懂，让你一学就会！

我最爱吃的豆料理
作者○加贝 定价/25.00

麻婆豆腐、毛豆鸡丁、扁豆焖面……各种菜式和烹饪技法应有尽有，让我们与鲜香豆料理来一场美丽的邂逅吧！

我最爱吃的蛋料理
作者○加贝 定价/25.00

韭香鸡蛋、滑蛋牛肉、皮蛋豆腐……百搭蛋料理震撼来袭，绝对让所有厨盲小伙伴华丽变身，成为料理小厨神！

我最爱吃的菇料理
作者○加贝 定价/25.00

双菇荟萃、醋拌鲜菇、冬菇烧猪蹄……50多道味香色美的菇料理，等你来品尝，邀你亲自动手来制作！